菜根谭

[明] 洪应明·著
乙力·注译

陕西新华出版 三秦出版社

图书在版编目（C I P）数据

菜根谭 /（明）洪应明著 ; 乙力注译. -- 西安 :
三秦出版社，2008.01（2024.1 重印）
（国学百部经典丛书）
ISBN 978-7-80546-886-0

Ⅰ. ①菜… Ⅱ. ①洪… ②乙… Ⅲ. ①个人—修养—
中国—明代②菜根谭—注释③菜根谭—译文 Ⅳ. ①B825

中国版本图书馆 CIP 数据核字（2007）第 188771 号

书　　名	菜根谭
作　　者	[明] 洪应明 著　乙力 注译
责　　编	贺金娥
封面设计	新华智品

出版发行	三秦出版社
社　　址	西安市雁塔区曲江新区登高路 1388 号
电　　话	（029）81205236
邮政编码	710061
印　　刷	北京一鑫印务有限责任公司
开　　本	680×1020　1/16
印　　张	9
字　　数	90 千字
版　　次	2008 年 4 月第 2 版
印　　次	2024 年 1 月第 2 次印刷
标准书号	ISBN 978-7-80546-886-0

定　　价	39.80 元
网　　址	http://www.sqcbs.cn

前　言

《菜根谭》是一部论述修身、处事、待人、接物的格言集，融儒、道、佛三家思想以及作者的生活体验为一体，是中华民族传统文化的结晶。其中的格言警句文辞优美，对仗工整，短小精粹，耐人寻味，蕴含着深刻的哲理。该书自问世400多年来，广泛流传于民间并远播海外。

作者洪应明，明末隐士，字自诚，号还初道人，生平不详。从《菜根谭》的内容及其友人于扎兼等人的记载中，可知洪应明是一位儒生，早年热衷尘世，晚年皈依佛门、广事交游。其著述另有《樵淡》、《笔畴》和《传家宝》等，内容多是当时的警句教言，并包含自身的感慨，既为自律，也为劝世。

《菜根谭》书名隐喻着“咬得菜根，百事可做”的含义。全书内容尽述了作者对人世百态的领悟，是一种人生经验的沉淀与累积，有超脱，有体会，也有感慨，对于人们正心修性，有着潜移默化的影响。《菜根谭》分为前后两部分，前一部分多根据儒家思想，阐述为人处世之道；后一部分多依据佛家义理，就自然现象透析人生的意义。

《菜根谭》作为一部清言集，其内容并没有严密的逻辑性，贯穿于书中的作者的思想也并非某种纯粹的、前后一致的思想，而是儒、释、道三家的融合与碰撞。心学与禅学是其核心。它不是洪应明一人的智慧，但涵盖了洪应明视力所及的前人妙语。它展示的不是某一生活侧面，修身、齐家、治国、平天下，大道皆在；栽花种草，赏月弹琴，小景可观，这是完整的生活。它所面对的不是某一种人，而是芸芸众生。人们可能地位不同，学历不同，性格不同，但都能从中有所吸取。书中的每一条目都非常短小精悍，然而就在

这惜墨如金的笔触中却包含着巨大的信息量，其中谚语、鄙语、典故、传说、名言警句无不由作者信手拈来。读者在阅读此书的同时，不仅能感受到作者的处世智慧，还能在潜移默化中汲取不少传统文化精粹。

《菜根谭》能告诉我们的事情很多很多，在今天，现代化的城市喧嚣已经湮没了古代风情，并带给我们与日俱增的焦虑、烦躁乃至一天天的失眠时，《菜根谭》如一溪清泉，涤去我们烦躁的尘灰，化解我们心中的积烦，还我们一个宁静的世界。

编　者

2008 年 1 月

目　录

弄权一时　凄凉万古　/1
抱朴守拙　涉世之道　/2
心事宜明　才华须韫　/2
出污不染　明机不用　/3
良药苦口　忠言逆耳　/4
静中观心　真妄毕见　/4
急流勇退　百折不回　/5
淡泊明志　肥甘丧节　/6
宽以待人　万世敬仰　/6
路让一步　味减三分　/7
德在人先　利居人后　/7
退即是进　与即是得　/8
诚心和气　调息观心　/8
攻人毋严　教人毋高　/9
净从秽生　明从暗出　/10
伸张正气　再现真心　/10
原其初心　观其末路　/11
居安思危　处乱思治　/11
放得心下　入圣超凡　/12
退让一步　功加三分　/13
对小人不恶　待君子有礼　/13
降魔伏心　驭横平气　/14
教育之弟　严谨交游　/14
超越天地　不入名利　/15
立身要高　处世须退　/15
宠辱偕忌　专心致读　/16
真伪之道　只在一念　/16
欲祸无昭　勿罪于冥　/17
当方则方　当圆则圆　/18
忘功念过　忘怨记恩　/18
施之不求　求之无功　/19
推己及人　方便法门　/19
崇俭养廉　守拙全真　/20
读心中文　听本真妙　/21
苦中有乐　乐中有苦　/21
人死留名　豹死留皮　/22
大智若愚　大巧似拙　/22
谦虚受益　满盈招损　/23
阴恶之大　显善之小　/23
居安思危　无用其伎　/24
中和为福　偏激为灾　/25
谨言慎行　君子之道　/25
正义路广　欲情道狭　/26
虚心明义　实心却物　/27
厚德载物　雅量容人　/27
忧劳兴国　逸豫亡身　/28
心公不昧　六贼无踪　/28
勉励现前　图谋未来　/29
养天地气　法古今人　/29
穷当益工　勿失风雅　/30
未雨绸缪　有备无患　/30
宁静淡泊　观心之道　/31
动中真静　苦中真乐　/32
己毋处疑　恩勿望报　/32

厚德积福　逸心补劳　/33
天机最神　智巧何益　/33
人重结果　田看收成　/34
多种功德　勿贪权位　/34
当念积累　常思倾覆　/35
明枪易躲　暗箭难防　/36
春风解冻　和气消冰　/36
操履多变　锋芒不露　/37
顺不足喜　逆不足忧　/38
精诚所至　金石为开　/38
文章恰好　人品本然　/39
忠恕待人　养德远害　/40
持身勿轻　用心毋重　/40
人生无常　不可虚度　/41
持盈履满　君子兢兢　/42
不畏人忌　不惧人毁　/42
容处家变　切规友失　/43
大处着眼　小处着手　/43
藏巧于拙　寓清于浊　/44
放下屠刀　立地成佛　/44
毋偏信自任　毋自满嫉人　/45
毋以短攻短　毋以顽济顽　/46
对阴勿推心　遇高勿多口　/46
震聋启聩　临深履薄　/47
有识有力　魔鬼无踪　/47
大量能容　不动声色　/48
困苦穷乏　锻炼身心　/48
戒疏于虑　警伤于察　/49
辨别是非　认识大体　/50
人道伦常　本乎天性　/50
不夸妍好洁　无丑污之辱　/51
功过不容混　恩仇不可明　/52
阴恶祸深　阳善功小　/52
应以德御才　勿恃才败德　/53
穷寇勿追　投鼠忌器　/53
过归己任　功让他人　/54
警世救人　功德无量　/55
趋炎附势　人情之常　/55
量弘识高　功德日进　/56
诸恶莫作　众善奉行　/56
自然之妙　智巧不及　/57
一念动鬼神　一行动天地　/57
不能养德　终归末节　/58
急流勇退　与世无争　/58
慎德于小事　施恩于无缘　/59
文华宜简素　读今应述古　/59
修身种德　事业之基　/60
勿妄自菲薄　勿自夸自傲　/60
春风育物　朔雪杀生　/61
善根暗长　恶损潜消　/61
学贵有恒　道在悟真　/62
律己宜严　待人宜宽　/63
心虚意净　明心见性　/63
人情冷暖　世态炎凉　/64
慈悲之心　生生之机　/64
明利害之情　忘利害之虑　/65
操持严明　守正不阿　/65
浑然和气　处事珍宝　/66
和气致祥瑞　洁白留清名　/66
庸德庸行　和平之基　/67
坚忍不拔　百炼成钢　/67
心体莹然　不失本真　/68
忙里偷闲　闹中取静　/69
立命为民　造福子孙　/69
为官公廉　居家恕俭　/70
处富知贫　居安思危　/70
清浊并包　善恶兼容　/71
勿仇小人　勿媚君子　/72
宁为小人毁　勿为君子容　/72
忘恩报怨　刻薄之尤　/73

谗言如云　甘言如风 /73
老当益壮　大器晚成 /74
藏才隐智　任重致远 /75
喜忧安危　勿介于心 /75
乐极生悲　苦尽甘来 /76
过满则溢　过刚则折 /76
冷静观人　理智处世 /77
量宽福厚　器小禄薄 /77
躁性偾事　和平徼福 /78
事上敬谨　待下宽仁 /78
处逆比于下　心怠思于上 /79
不轻诺生嗔　不多事倦怠 /79
守口须密　防意须严 /80
责人宜宽　责己宜苛 /80
幼不学　不成器 /81
浓夭淡久　大器晚成 /81
静中见真境　淡中识本然 /82
言者不顾行　谈者未必知 /82
景不在远　乐贵自然 /83
天地万物　皆是实相 /83
心无物欲　坐有琴书 /84
极尽欢乐　曲终人散 /84
万象皆空幻　达人须达观 /85
泡沫人生　何争名利 /86
得好便休　否则无休 /86
冷静观世事　忙中去偷闲 /87
恬淡适己　身心自在 /87
栽花种竹　心境无我 /88
守正安分　远祸之道 /88
存道心　消幻业 /89
退后一步　宽平一步 /89
修养定静　临变不乱 /90
居安思危　处进思退 /90
知足常乐　虽贫亦富 /91
得道无牵系　静躁两无关 /92
动静合宜　出入无碍 / 92
躁极则昏　静极则明 / 93
卧云弄月　绝俗超尘 / 93
身放闲处　心在静中 / 94
云中世界　静里乾坤 / 94
圣境之下　调心养神 / 95
相由心生　相随心灭 / 95
欲心生邪念　虚心生正念 / 96
富者多忧　贵者多险 / 96
读易松间　谈经竹下 / 97
烦恼由我起　嗜好自心生 / 97
以失意之思　制得意之念 / 98
闹日取静　冷处热心 / 99
世间无绝对　安乐是寻常 / 99
接近自然　物我归一 /100
生死成败　一任自然 /100
处世流水落花　身心皆得自在 /101
勘破乾坤　识见天地 /102
猛兽易服　人心难制 /102
心地能平稳　触处皆青山 /103
生活自适其性　贵人不若平民 /103
处世忘世　超物乐天 /104
人生本无常　盛衰何可恃 /105
宠辱不惊　去留无意 /105
苦海茫茫　回头是岸 /106
求心内之佛　却心外之法 /106
以冷情当事　如汤之消雪 /107
彻见真性　自达圣境 /108
心月开朗　水月无碍 /108
野趣丰处　诗兴自涌 /109
见微知著　守正待时 /109
森罗万象　梦幻泡影 /110
在世出世　真空不空 /110
欲望有尊卑　贪争无二致 /111
毁誉褒贬　一任世情 /112

不为念想囚系　凡事皆要随缘　/112
自然得真机　造作减趣味　/113
彻见自性　不必谈禅　/113
心境恬淡　绝虑忘忧　/114
真不离幻　雅不离俗　/115
凡俗差别观　道心一体观　/115
布茅蔬淡　颐养天和　/116
万心悟性　俗即是僧　/116
断绝思虑　光风霁月　/117
机神触事　应物而发　/118
操持身心　收放自如　/118
自然人心　融和一体　/119
不弄技巧　以拙为进　/119
以我转物　逍遥自在　/120
形影皆去　心境皆空　/121
任其自然　万事安乐　/121
思及生死　万念灰冷　/122
卓智之人　洞烛先机　/122
雌雄妍丑　一时假相　/123
风月木石　闲情逸致　/124
天全欲淡　虽凡亦仙　/124
本真即佛　何待观心　/125
勿待兴尽　适可而止　/125
绝迹于尘寰　涉足于世俗　/126
人我一视　动静两忘　/127
山居清丽　入都俗气　/127
人我合一　云留鸟伴　/128
祸福苦乐　一念之差　/129
只要功夫深　铁杵磨成针　/129
机息心清　月到风来　/130
落叶蕴萌芽　生机藏肃杀　/130
雨后山色鲜　静夜钟声清　/131
读书神清　眺望心旷　/131
万钟一发　存乎一心　/132
要以我转物　勿以物役我　/132
就身了身　以物付物　/133
勿徒劳身心　乐风月之趣　/133
何处无妙境　何处无净土　/134
顺逆一视　欣戚两忘　/135

弄权一时　凄凉万古

【原文】

栖守道德者，寂寞一时；依阿权势者，凄凉万古。达人观物外之物，思身后之身，宁受一时之寂寞，毋取万古之凄凉。

【译文】

一个坚守道德规范的人，虽然有时会遭受短暂的冷落，可是那些依附权势的人，却会遭受永久的凄凉。大凡一个胸襟开阔的聪明人，能重视物质以外的精神价值，并且又能顾及到死后的名誉问题，所以他们宁愿承受一时的冷落，也不愿遭受永久的凄凉。

【赏析】

人生短暂，岁月永恒。趋炎附势，贪图眼前利益而不顾名节的人，虽有昙花一现的荣耀，却永远逃脱不了后人的耻笑与谴责，像南宋的秦桧、清朝的和珅，最后都落得身首异处、凄凉万古的悲惨下场。相反那些推崇高风亮节、义胆忠心、高尚道德的人，却能千古流芳、万古传诵，像西汉的苏武、南宋的岳飞、文天祥、近代的谭嗣同，就是这方面的代表。用这个道理考察我们现在的生活，一些人在商品经济大潮中丧失原则，腐化堕落，最终被绳之以法，遭人不耻，这难道还不足以引人深思吗？

抱朴守拙　涉世之道

【原文】

涉世浅，点染亦浅；历事深，机械亦深。故君子与其练达，不若朴鲁；与其曲谨，不若疏狂。

【译文】

一个刚踏入社会的人阅历虽然短浅，但所受社会不良影响也较少；一个饱经世故的人固然阅历深广，但其阴谋诡计等恶习也随之增加。所以一个正人君子，与其圆滑世故，不如诚实淳朴；与其谨慎小心，不如豁达大度。

【赏析】

社会是一所大学校，人生是一个大舞台。对刚刚踏进社会的人来说，因为涉世未深，还未被社会上的不良习气所感染，因此这种人自然还能保留着纯真的本性。而经历了世间磨难，人生险阻的人，相应地城府也就比较深。但是无论社会阅历浅还是深，都应从成功和失败中吸取正面的经验教训，取得人生事业的成功，而不应汲取反面的经验教训，追求世故圆滑、投机取巧，最终聪明反被聪明误。从这个角度来讲，为人处世，应多些正直，多些真诚，多些朴实，多些洒脱，这才是涉世处身之道。

心事宜明　才华须韫

【原文】

君子之心事，天青日白，不可使人不知；君子之才华，玉韫珠藏，不可使人易知。

【译文】

君子的心地，像青天白日一般光明，没有一点不可以告人的事；君子的才学，像珍珠美玉一般珍藏，绝对不轻易让人家知道。

【赏析】

胸怀坦荡是做人的原则，蕴藏才华则是处世的原则。德才兼备的君子并不忌讳别人知道自己的想法，因为他的想法可昭日月，但是他却从不轻易显示自己的才华，当然，这并不是让大家深藏才华而不露，否则每个人都空怀才学，不仅是个人的悲哀，也是国家的损失，要正确把握发挥才干和抓住时机的关系，才能脚踏实地的干出一番事业来。

出污不染　明机不用

【原文】

势利纷华，不近者为洁，近之而不染者为尤洁；智械机巧，不知者为高，知之而不用者为尤高。

【译文】

权利和财势，以不接近这些的人为清白，接近了而不受污染那就更清白；权谋术数，以不知道才算高明，知道而不使用那就更高明了。

【赏析】

“近朱者赤，近墨者黑”，人多受环境的影响。有的人遇到有利可图的事情，就挖空心思往里钻，贪图一时的便宜；而在有权有势有钱的人周围，天天都有趋炎附势的人聚集在一起，都是怀着一个贪字有求而来，利益是他们的原动力。只有人格高尚的人，才耻于运用巧诈的计谋，尤其是有机会掌握权力和金钱的时候，却不因权力而贪污，不因金钱而堕落，这才是真正的高洁者。

良药苦口　忠言逆耳

【原文】

耳中常闻逆耳之言，心中常有拂心之事，才是进德修行的砥石。若言言悦耳，事事快心，便把此生埋在鸩毒中矣。

【译文】

一个人的耳朵假如能经常听些不中听的话，心里经常想些不如意的事，这才算是敦品励德有益身心的好教训。反之假如每句话都很好听，每件事都很称心，那就等于把自己的一生葬送在毒药中了。

【赏析】

“良药苦口利于病，忠言逆耳利于行。”只有听得进不同意见，才能及时改正错误，哪怕是真正的逆耳之言，也要虚怀若谷加以接受。因为不同的意见总有利于个人反省自己的言行。相反，如果只喜欢别人的夸奖奉承之言，就容易沉湎在自我陶醉的深渊中，这等于将自己浸在毒酒中一样。人生在世，只有经常接受各种逆境和痛苦的考验，才能保证人生旅途平安畅达。

静中观心　真妄毕见

【原文】

夜深人静，独坐观心，始知妄穷而真独露，每于此中得大机趣；既觉真现而妄难逃，又于此中得大惭忸。

【译文】

大凡一个人，每当夜深人静、万籁俱寂时，自己独坐庭院观察自己的内心，才会发现自己的妄心全消而真心流露。当此真心流露之际，皓月当空，八面玲珑，觉得精神十分舒畅，应用自在之机油然而生。假如这种真心能够常在该有多好，然而希望之心偏偏难以全消，于是心灵上会感觉羞愧不安，到最后才猛然悔悟而有改过向善的意念出现。

【赏析】

这里讲的是真性与妄心，所谓真性就如皎洁的明月一样，而妄心就如同遮掩明月的乌云。一个人生活在大千世界中，终日忙忙碌碌，来不及对生命的意义进行仔细思考，难免会产生这样那样的念头，以致丧失纯真的本性。只有当静心回首时才会真正感悟到人生的真谛，也才会感觉到保持心灵宁静的幸福。

急流勇退　百折不回

【原文】

恩里由来生害，故快意时须早回首；败后或反成功，故拂心处莫便放手。

【译文】

被当政者垂恩重用往往会招来祸患，所以一个人在从政前不可过分贪恋权位，应该抱着“见好就收”“急流勇退”的明哲保身的态度，不过遭受挫败，反而会使一个人走向成功之路，因此遭受打击时，千万不可就此罢休不再继续奋斗。

【赏析】

得意之时且回头，失败之时莫灰心。中国历史上许多事例都说明了这一点，春秋时期的范蠡、西汉的张良等，功成身退，急流勇退，常让后人感叹赞赏，而秦朝的李斯、西汉的吴王刘濞等，由于贪恋富贵、追求更大的权利，最后招致了身败名裂的可悲下场。老子说过：“祸兮，福之所倚；福兮，祸之所伏。”所以凡事都要辩证地看，一个人没有发达时，莫要看轻了自己，而当处于高位时，也不要过于看重了自己。

淡泊明志　肥甘丧节

【原文】

藜口苋肠者，多冰清玉洁；衮衣玉食者，甘婢膝奴颜。盖志以淡泊明，而节从肥甘丧也。

【译文】

忍受粗茶淡饭的人，操守多半都像冰一般清纯、玉一般洁白；讲求衣美和食奢的人，多半甘愿作出卑躬屈膝的奴才面孔。一个人的志气往往在清心寡欲中表现出来，而一个人的节操常常在贪图享受中丧失殆尽。

【赏析】

大多注重物质享受的人，他们的生活都会比较糜烂，而精神上却比较贫乏、空虚，更谈不上什么高尚的道德。为了能够得到更高一层的享受，他们不惜用任何手段去钻营，甚至卑躬屈膝也在所不惜。在物质利益面前，最能表现出一个人的情操气节，见钱眼开、玩物丧志的人，往往会身受其害，以致触犯法律，历史和现实中的这方面教训是发人深省的。人要有理想、有追求，不能贪图物质享受，成为社会的寄生虫。“不义而富且贵，与我若浮云”，这是古人的处世原则，更应是今人的生活准则。

宽以待人　万世敬仰

【原文】

面前的田地要放得宽，使人无不平之叹；身后的惠泽要流得久，使人有不匮之思。

【译文】

待人处事要宽厚些，因为如此才不致使人有不平的牢骚；身后的恩泽要流传久远些，因为如此才会使人永远怀念。

【赏析】

怎样做人是人们从古到今始终争论的一个话题。是只顾个人私利，还是为人类做一些有益的事情，这实际上是两种截然不同的世界观。凡事都跟人斤斤计较，到头来必定会招致他人的不满。相反，心底无私天地宽，宽以待人，严于律己，才会赢得时人的爱戴和后人的怀念。

路让一步　味减三分

【原文】

径路窄处，留一步与人行；滋味浓的，减三分让人尝。此是涉世一极安乐法。

【译文】

在狭窄的路上行走时，要留一点余地给别人走，遇到美味可口的好菜时，要留出三分让给别人吃，这就是一个人立身处世最安全的方法。

【赏析】

处处为他人着想，不仅是对一个人德行的考验，也是为了取得别人对自己的帮助，一个自私自利的人只能是一个孤家寡人。例如汽车行驶提出了“宁等三分，不抢一秒”的口号，这一方面是表现谦让，更重要的是为了保证安全。我们每个人都生活在社会这个大集体中，只有相互谦让友爱，才能避免纠纷、得到快乐。

德在人先　利居人后

【原文】

宠利毋居人前，德业毋落人后；受享毋逾分外，修为毋减分中。

【译文】

当追求名利时不要抢在他人之先，当进德修业时不要落在他人之后，当享受物质时不要超过自己的身份地位之外，当修养品德时不要降低自己分内所应达到的标准。

【赏析】

“先天下之忧而忧，后天下之乐而乐”，表现了一种优良的人生态度，成为千百年来人们追求完美道德的一个标准。大禹含辛茹苦治水三十年，曾三次路过家门而不入，他那种克己奉公的忘我精神，成为千古传诵的佳话。所以在日常生活中，我们应当发扬吃苦耐劳的精神，在名利享受上不争先，在德业修为上时时提高，努力使自己成为一个有利于人民的人。

退即是进　与即是得

【原文】

处世让一步为高，退步即进步的张本；待人宽一分是福，利人实利己的根基。

【译文】

为人处事以遇事让人一步的态度为高明，因为让一步就等于为进一步留下了余地；待人接物以抱宽厚态度为福气，因为利人是利己的根基。

【赏析】

进一步悬崖万丈，退一步海阔天空。在生活中，要处处宽厚待人，一切以有利于别人为前提，推功揽过这种自我牺牲精神可以获得自我慰藉，因而赢得世人的尊重，从某种意义上说也算是自己有得。

诚心和气　调息观心

【原文】

家庭有个真佛，日用有种真道。人能诚心和气，愉色婉言，使父母兄弟间形骸两释，意气交流，胜于调息观心万倍矣！

【译文】

任何家庭都应该有一种真诚的信仰，任何人的生活都要有一种不变的原则。一个人如果能保持纯真的心性，言谈举止自然温和愉快，这样才能跟父母兄弟相处得融洽，比用静坐省察来调护身心还要好上千万倍之多。

【赏析】

“万事和为贵”“和气能生财”“家和万事兴”，都是中国古代流传下来的训言。大到国家，小到家庭，都需要建立起一个良好的秩序。在社会这个大家庭里用良心道义来维系一种平和的关系，在小家庭中用父慈子孝、兄友弟恭来维持一种平和的关系，这些都是中国的传统伦理纲常，也是儒家所提倡的齐家治国平天下之道。一屋不扫，何以扫天下？

攻人毋严　教人毋高

【原文】

攻人之过毋太严，要思其堪受；教人之善毋过高，当使其可从。

【译文】

当责备别人的过错时，不可太严厉，要顾及对方是否能承受，要注意不伤害对方的自尊心。当教诲别人行善时，不可以期望太高，要顾及对方能否做到。

【赏析】

善于做思想工作的领导在批评下属时往往先来一段自我检讨作开场白，让挨批评的人觉得领导在替自己承担责任，首先在心理上接受了领导，当然也就接受了批评。在家庭教育中更要注意教育孩子的方法，父母对孩子不当的言行可能会影响孩子的一生，棍棒底下无孝子，循循善诱才是家庭教育的好方法。

净从秽生　明从暗出

【原文】

粪虫至秽，变为蝉而饮露于秋风；腐草无光，化为萤而跃彩于夏月。因知洁常自污出，明每从晦生也。

【译文】

粪土里所生的虫是最脏的虫，可是一旦成蝉蜕化后却只喝秋天洁净的露水。腐败的野草本来不会发光，可是一旦孕育出萤火虫之后，却能在夏天的夜空中发出耀眼的光彩。由此可以知道，洁净的东西常常是从污秽中产生，而光明的事物常常在黑暗中出现。

【赏析】

环境对一个人的成长有影响，但一个人所处的环境并不能决定一个人的命运，因为养尊处优的环境可能会导致一个人的腐化堕落，困难重重的环境也会激发一个人的斗志。犯错误的过程是一个积累经验的过程，失败的过程也是接近成功的过程，只要自身努力，再恶劣的环境也是可以改变的。关键是要自强、自尊、自爱、自信、自律，只有这样才能实现自己的远大抱负和理想。

伸张正气　再现真心

【原文】

矜高倨傲，无非客气，降服得客气下，而后正气伸；情欲意识，尽属妄心，消杀得妄心尽，而后真心现。

【译文】

一个人所以会有骄矜高傲的无理态度，都是由于受外来血气的影响，只要能把这种外来血气消除，光明正大、刚直无邪的气概才会出现。一个人的所有欲望和想象，都是由于虚幻无常的妄心所造成的，只要能铲除这种虚幻无常的妄心，善良的本性就会显现出来。

【赏析】

虚骄之气必然产生虚妄不实之心，只有浩然正气才能产生真实无妄之心。每一个人立足于社会，都要以正气为主心骨，即孟子所说的浩然之气。只有用浩然正气压服住虚骄之心，并加以消灭，才能克服虚妄不实之心，采取正确的人生态度，发扬自己的长处，激发自己的上进之心，促进自己向完美健康的人格发展。

原其初心　观其末路

【原文】

事穷势蹙之人，当原其初心；功成行满之士，要观其末路。

【译文】

事业失败而心灰意懒的人，要回想当初奋发上进的精神；事业成功而万事如意的人，要洞察是否能永远维持下去。

【赏析】

生活中有成功的人，也有失败的人，可是耀眼的花环往往总是戴在成功者的头上，而失败的人难免会招致世人的冷嘲热讽。因此评人论事，不能只以成败论英雄，不要因一个人一时的失败而将他一棍子打死，也不要因一个人一时的成功而将他捧上天，要观察他能否善始善终，然后再做出最后的结论。

居安思危　处乱思治

【原文】

居卑而后知登高之为危，处晦而后知向明之太露，守静而后知好动之过劳，养默而后知多言之为躁。

【译文】

先站在低处，然后才知道攀高处的危险性，先待在阴凉处，然后才知道过分光亮的地方会刺痛眼睛；先保持宁静心情，然后才知道喜欢活动的人太辛苦，先保持沉默心性，然后才知道说话多了很烦躁。

【赏析】

任何事物都是一分为二的，我们的生活也是如此。因此，只有整日忙忙碌碌的人，才能享受到悠闲的乐趣，而一个无所事事的人做了一点工作，就会品尝到劳动的快乐；经历过痛苦的人会更加珍惜幸福，处在幸福中的人往往身在福中不知福；取得成就的人固然声名显赫，但事务的沉重、工作的繁忙恰恰使他失去了做一个普通人的自由和平静。用辩证法去认识生活中的人和事，只有懂得劳逸结合，有张有弛，才是懂得生活的人。

放得心下　入圣超凡

【原文】

放得功名富贵之心下，便可脱凡；放得道德仁义之心下，才可入圣。

【译文】

一个人能丢开功名富贵的权势主义思想，就可以超越庸俗的尘世杂念；一个人能不受仁义道德等教条主义思想的束缚，就可以进入超凡绝俗的圣贤境界。

【赏析】

追求本身是一种高尚的活动，但只有走得进又能走得出的人才是高人。经商是为了发财，但不能成为金钱的奴隶　从政是为了更好地服务于人民，但不能为了当官不择手段。如果为了求取功名富贵而不择手段，为了博得仁义道德的美名而虚情假意，即使取得了功名富贵、博得了仁义道德的虚名，也会失去其真正的意义。

退让一步　功加三分

【原文】

人情反复，世路崎岖。行不去处，须知退一步之法；行得去处，务加让三分之功。

【译文】

人情冷暖是变化无常的，人生道路是崎岖不平的。因此当你遇到走不通的路时，必须明白退一步的做人方法；当你事业一帆风顺时，一定要有把好处让三分给他人的胸襟和美德。

【赏析】

人生之路有坦途，也有险道。无路前行时，要动脑筋另找出路，如果避让就会撞得鼻青脸肿。走坦途时，要注意谦让给别人方便，如果一味霸道，只会给自己带来麻烦。要想事业有成，一定要懂得谦让的妙法；要想一帆风顺，一定要有给人让路的胸怀。

对小人不恶　待君子有礼

【原文】

待小人不难于严，而难于不恶；待君子不难于恭，而难于有礼。

【译文】

对待品行不端的小人，对他们抱严厉态度并不困难，困难的是不憎恨他们；对待品德高尚的君子，对他们抱恭谨态度并不困难，困难的是在于对他们有礼。

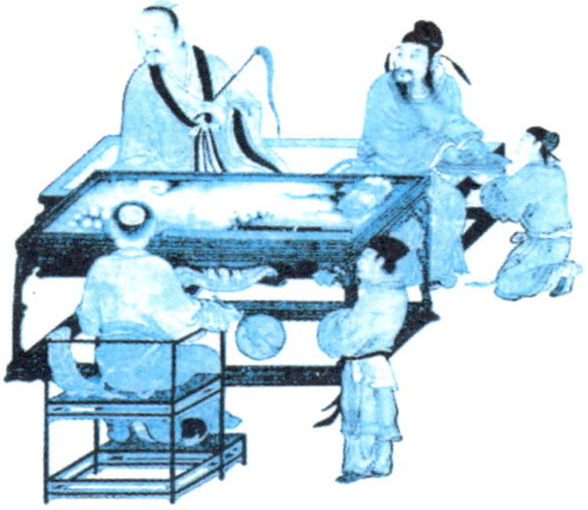

【赏析】

对于美与丑，做到爱憎分明并不容易，

而做到分寸适当就更不容易。对待小人，人们常常心生憎恶，甚至是连人带事一起批评，而不从爱护的角度出发去教育他们，这样做的结果往往是伤害了小人的自尊心，使他们丧失了改过自新的信心。而对待比自己地位、声望高的人，一般人都会去以礼相待，在这种情况下，最难做到的是礼节有度，而不是恭敬过度，甚至流于谄媚，所以一件平凡的事足以体现一个人的人格德行。

降魔伏心　驭横平气

【原文】

降魔者先降自心，心伏则群魔退听；驭横者先驭此气，气平则外横不侵。

【译文】

要想制服邪恶，必须先制伏自己内心的邪恶，内心安稳不动，到时邪恶自然都不起作用；要想控制不合理的横逆事件，必须先控制自己的情绪，情绪控制住以后，自然不会心浮气躁，到时所有外来的横逆事物，自然也就不会侵入。

【赏析】

人生中最难战胜的对手便是自己，因此在任何时候都要警惕自己内心的邪念，控制自己情绪的浮躁，做到常常反省自己。古人提倡“慎独”，便是自己对自己的一种考验。

教育子弟　严谨交游

【原文】

教弟子如养闺女，最要严出入、谨交游。若一接近匪人，是清净田种下一不净的种子，便终身难植嘉禾矣。

【译文】

教导子弟，要像养育一个女孩那样谨慎，必须严格管束她们的出入和所交往的朋友。如果一不小心结交了坏人，就等于在良田之中播下了坏的种子，从此这个孩子就一辈子没出息了。

【赏析】

孟母三择邻里，讲的就是环境对一个人成长的影响，好的生活习惯、好的交友环境，都是成功的家庭教育所必须具备的要素。好的朋友能够带动自己上进，而酒肉朋友却会使自己走向堕落。因此在教育自己的子女时，一定要严格要求，不能放任自流，否则后患无穷。

超越天地　不入名利

【原文】

彼富我仁，彼爵我义，君子固不为君相所牢笼；人定胜天，志一动气，君子亦不受造化之陶铸。

【译文】

别人有财富而我坚守仁德，别人有爵禄而我坚守正义，所以一个有守有为的君子绝对不会被统治者的高官厚禄所收买。人的智慧一定能战胜大自然，意念可以转变受到蒙蔽的气质，所以一个有才德的君子绝对不会向命运低头。

【赏析】

达到“不以物喜”的境界，才算得上是生活洒脱的人，仁义道德是战胜一切的力量，只有德才兼备的君子才能做到“富贵不能淫，贫贱不能移，威武不能屈”。对于普通人来说，不去追逐名利，不去攀附权势，保持独立人格和远大理想，又有什么可以钳制呢？

立身要高　处世须退

【原文】

立身不高一步立，如尘里振衣，泥中濯足，如何超达？处世不退一步处，如飞蛾投烛，羝羊触藩，如何安乐？

【译文】

立身处世假如不能保持超然态度，就好像在尘土里打扫衣服，在泥水里洗濯双脚，又如何能超凡脱俗呢？处世假如不抱多留一些余地的态度，那就好比飞蛾扑火，公羊用角去顶撞篱笆一样，哪里能够使自己的身心都感到安乐愉快呢？

【赏析】

站得高，才能看得远。一个人具备了丰富的学识、深厚的修养，对人对事才会有符合常情的看法，处世才能够宽容、谦让，获得美满的生活。相反，如果对人对事只是存有偏激的观点，做事就会急功近利、目光短浅，一辈子也不会有出头之日。

宠辱偕忘　专心致读

【原文】

学者要收拾精神，并归一路。如修德而留意于事功名誉，必无实诣；读书而寄兴于吟咏风雅，定不深心。

【译文】

求取学问一定要排除杂念，集中精神、专心致志从事研究，如果想提高道德修养，但又斤斤计较功名利禄，必然不会有真正的进步；如果读书不重视学术上的探讨，只是在吟咏诗词上下功夫，那就会显得很浮浅而没有什么心得。

【赏析】

做学问来不得半点虚假，除了勤奋、努力，别无他法。“书山有路勤为径，学海无涯苦作舟。”要想在学业上有一定的造诣，就必须专心致志下苦功夫，摆花架子、赶时髦，只会对事业有害。

真伪之道　只在一念

【原文】

人人有个大慈悲，维摩、屠刽无二心也；处处有种真趣味，金屋、茅檐非两地也。只是欲蔽情封，当面错过，便咫尺千里矣。

【译文】

如果每个人都有一颗善良的仁慈之心，那么以慈悲为怀的维摩诘和屠夫刽子手的本性也就没什么不同了；如果世间到处都有一种合乎自然的真正生活情趣，富丽堂皇的高楼大厦和简陋的茅草屋就没什么差别了，可惜人心经常为情欲所蒙蔽，因而就使真正的生活情趣错过，结果造成“失之毫厘、差之千里”的局面。

【赏析】

人生下来并没有什么不同，只是由于后天所受熏染的不同，才产生了善恶之别。人生是否幸福只存在于一念之间。一个人如果贪得无厌，即使拥有金屋也如同是置身于地狱一般；一个人如果知足常乐，即使居住茅屋也如同是生活在天堂一样。

欲祸无昭　勿罪于冥

【原文】

肝受病则目不能视，肾受病则耳不能听。受病于人所不见，必发于人所共见。故君子欲无得罪于昭昭，必先无得罪于冥冥。

【译文】

肝染上疾病，眼睛就看不见，肾染上疾病，耳朵就听不清。病虽生在看不见的内脏，但症状却发作于能见的地方，所以君子要想表面没有过错，必须从看不见的细微处下谨慎细致的功夫。

【赏析】

古人讲修身主要是对自我道德的完善，所谓慎独功夫，就是指在别人看不见、听不到的情况下，也绝对不做任何见不得人的坏事，这说明一个人的时候正是要谨防自己的时候。其实只要一个人有做坏事的念头，就会被人发现，想浑水摸鱼是不可能的。

当方则方　当圆则圆

【原文】

处治世宜方，处乱世宜圆，处叔季之世当方圆并用；待善人宜宽，待恶人宜严，待庸众之人当宽严互存。

【译文】

当政治清明天下太平时，待人接物应严正刚直，当政治黑暗天下纷乱时，待人接物应圆滑老练；当国家行将衰亡之时，待人接物就要刚直与圆滑并用，对待善良的君子要宽厚，对待邪恶的小人要严厉，对待一般平民大众要宽严互用。

【赏析】

明哲保身是说在不同环境中都要有保存自己的方法，社会大环境变了，处世的方法也要改变，这才叫作适应环境。处在太平时代，一个人的言行要方正刚直，相反，如果身处乱世就要圆通灵活，否则就会招来杀身之祸。而对待生活中的人和事，总的原则并不能随着时代的改变而改变，仍应根据不同的人采取不同的态度，对待好人要仁爱宽厚，对待坏人要嫉恶如仇，要做到善恶分明。

忘功念过　忘怨记恩

【原文】

我有功于人不可念，而过则不可不念；人有恩于我不可忘，而怨则不可不忘。

【译文】

帮助或救助过别人，不要常常挂在嘴上或记在心头，但是如果做了对不起别人的事，却不能不经常反省；反之如果别人曾经对我有过恩惠，却不可以轻易忘怀，别人做了对不起我的事，就不可不立刻忘掉。

【赏析】

在生活中我们难免会被别人帮助或帮助别人，得到了别人的帮助，心怀感激是很正常的，但是如果帮助了别人，心中常常想得到回报，做了对不起人家的事情，又常常找很多理由来为自己解脱，而且别人得罪了自己就寻机报复，那世界就不太平了。这些都是我们大家常犯的毛病，因此，我们要提倡受恩报恩和不记怨仇的风尚。

施之不求　求之无功

【原文】

施恩者，内不见己，外不见人，则斗粟可当万钟之报；利物者，计己之施，责人之报，虽百镒难成一文之功。

【译文】

施恩惠给别人的人，不可老把恩惠记在心头，更不可存让别人赞美的观念，这样即使是一斗米也可收到万钟的回报；用财物帮助别人的人，不但计较自己对人的施舍，而且要求人家报答，这样即使是付出一百镒，也难收到一文钱的功德。

【赏析】

帮助别人就要出于真诚，而不是利用别人来沽名钓誉，或者是炫耀自己的实力。雪中送炭，千里寄鹅毛，才可以看到真诚的可贵。如果冒着行善之名干伪善之事，满嘴仁义道德而背地里却干着肮脏的勾当，这样的无耻之徒是不会有好下场的。

推己及人　方便法门

【原文】

人之际遇，有齐有不齐，而能使己独齐乎？己之情理，有顺有不顺，而能使人皆顺乎？以此相观对治，亦是一方便法门。

【译文】

每个人的际遇各有不同，有机运好的时候，也有机运坏的时候，在各种不同的境遇中，自己又如何能要求事事如愿呢？每个人的情绪各有不同，有稳定的时候，也有浮躁的时候，自己又如何能要求别人事事顺遂呢？假如自己能平心静气来观察，设身处地来想一想，这也是人生一个最好的修养门径。

【赏析】

每个人都有自己独特的生活经历。如果能在自己境遇不佳的时候，仍然相信通过自己不懈的努力也能获得成功；而在一帆风顺的时候，又有遭受挫折的思想准备，这样便可以时刻以饱满的热情去迎接人生的挑战。

崇俭养廉　守拙全真

【原文】

奢者富而不足，何如俭者贫而有余；能者劳而府怨，何如拙者逸而全真。

【译文】

豪奢无度的人财富再多也感到不够，哪比得上虽然贫穷却节俭的人呢？有才干的人由于心力交瘁而招致怨恨，如何比得上虽然愚笨却安闲无事而保全本性的人呢？

【赏析】

知足常乐，平凡是真，内心的感受才是最重要的。有的人在物质上很富有，但在精神上可能是一个乞丐，往往欲望越多，痛苦也就越多；如果能做到生活节俭，多多体验平凡生活的乐趣，也是在品尝一种真实的人生。有才能的人在工作上很忙碌，但最终结果往往是事与愿违，再说事必躬亲，还可能会压抑别人的才能，从而招致怨恨；如果能做到宏观组织管理，充分发挥每个人的长处，不但会把事情办好还会使自己身心获得轻松。

读心中文　听本真妙

【原文】

人心有一部真文章，都被残篇断简封锢了；有一部真鼓吹，都被妖歌艳舞湮没了，学者须扫除外物，直觅本来，才有个真受用。

【译文】

每个人的心灵深处都有一部真正的美文，却被内容不健全的乱章给封闭了；每个人的心灵深处都有一首美妙的乐曲，却被一些妖艳的歌舞给迷惑了。所以一个读书人，必须排除物欲，直寻本性，才能求得受用不尽的学问。

【赏析】

最美妙的乐曲藏在心灵的深处，最高深的学问藏在书山的深处，只有孜孜追求的人，才能聆听到世界上最美妙的心灵之曲，才能领悟到世界上最深奥的道理。只有真正的学问，才能唤醒人们内心的良知，才能让人分辨是非，悟出真理，享受真正的乐趣。

苦中有乐　乐中有苦

【原文】

苦心中常得悦心之趣，得意时便生失意之悲。

【译文】

困苦时能够坚持下去，问题解决，自然得到内心的喜悦，这才是人生的真正乐趣，如果得意时过分狂妄，往往会因此而结下怨仇，种下悲剧的根苗。

【赏析】

痛苦与欢乐，成功与失败，总是相辅相成的。所以痛苦时且莫悲伤，要有战胜困难的勇气和毅力，得意时也别忘了失意时的惆怅，要随时准备迎接更大的挑战。人不能因为一时的得失而决定自己一生的命运，不能因为一时的苦乐而放弃人生的奋斗。

人死留名 豹死留皮

【原文】

春至时和，花尚铺一段好色，鸟且啭几句好音。士君子幸列头角，复遇温饱，不思立好言，行好事，虽是在世百年，恰似未生一日。

【译文】

当春天到来，在和煦的阳光照耀之下，就连花草树木也争奇斗艳，给大地铺上一层美丽景色，甚至连飞鸟也懂得在这春光明媚的自然环境中唱出几许美妙的歌。可见一个读书而又有才干的士大夫，假如能侥幸出人头地身居高位，同时每天又能酒足饭饱过豪华的生活，却不肯为后世写下几部不朽的名著，或留下一些有益世人的事迹，那他即使活到一百岁，也如一天都没活过。

【赏析】

有特殊才能的人或者有特别机会的人，都要珍惜手中的机会，为国立功，为民造福，著书立说，不要白白蹉跎一生。如果只凭借自己的才能为自己谋私利，如果只利用自己的权力为自己行方便，如果只图享受不思贡献，那么这样的人是最没有生命价值的。

大智若愚 大巧似拙

【原文】

真廉无廉名，立名者正所以为贪；大巧无巧术，用术者乃所以为拙。

【译文】

一个真正廉洁的人不与人争名，所以反而建立不起廉洁之名，那些到处树立声誉的人，正是为了贪图虚名；一个真正聪明的人不炫耀自己的才华，所以看上去反而笨拙，那些卖弄聪明才智的人，正是为了掩饰愚蠢。

【赏析】

君子小人，泾渭分明，“大智若愚”、“聪明反被聪明误”说的就是这两种截然不同的人。

四处招摇撞骗的人，机关算尽，最终只能使自己陷入重重困境；只有心地诚实善良的人，才能把聪明才智用在正道上，从而赢得大家的由衷称赞。有德行的人只求默默地干实事，将名利置之于度外；只有有私心的人才去沽名钓誉，玩弄花招。

谦虚受益　满盈招损

【原文】

欹器以满覆，扑满以空全，故君子宁居无不居有，宁处缺不处完。

【译文】

欹器因为装满了水才倾覆，扑满由于空无一物才得以保全。所以一个品德高尚的君子，宁愿处于无争无为的地位，也不要站在有争有夺的场所。日常生活宁可感到缺欠一些，也不要过分追求圆满。

【赏析】

“满招损，谦受益。”一个人太出风头，就会遭到打击；一个人过分完美，反而会遭到挑剔和批评。大多数人能够同情弱者，却敌视比自己强的人，生活中这样的情况是非常多的，所以为人处世一定要谦虚谨慎，千万不能狂妄自大。

阴恶之大　显善之小

【原文】

为恶而畏人知，恶中犹有善路；为善而急人知，善处即是恶根。

【译文】

一个人做了坏事而怕人知道，可见这种人还保有羞耻之心，也就是在恶性之中还保有良知，一个人做了一点善事而就急着让人知道，就证明他的做善事只是为了贪图虚名和赞许，因此，在他做善事时已经种下了可怕的祸根。

【赏析】

羞耻之心是一个人改邪归正的关键，知道羞耻说明其还存在改过向善的可能，而厚颜无耻却是无可救药的，在生活中最可恨最可怕的就是厚颜无耻之人，或者说是那些明知有廉耻却不顾廉耻的人。这些人真可谓无恶不作，在生活中要警惕这样的人，以免上当受骗。

居安思危　无用其伎

【原文】

天之机缄不测，抑而伸，伸而抑，皆是播弄英雄、颠倒豪杰处。君子只是逆来顺受，居安思危，天亦无所用其伎俩矣。

【译文】

上天的奥秘变幻莫测，绝对不是人类智慧所能意料，它有时先使人陷于窘境然后再让人春风得意，有时又会先让人得意一番之后再让他遭受挫折，不论是哪种都是上天有意捉弄自命为英雄豪杰的人。因此有才德的君子，当不如意时要适应环境，遇到逆境也只是一笑置之，在平安无事时要想到危难的来临，假如君子能够做到这种程度，那上天也就无法施展它捉弄人的巧计了。

【赏析】

听天由命，是一种消极的人生态度，人生中确实有很多的不可预测的因素，连孔子也说：“尽人事以听天命”，但如果是能够审时度势，顺应时代潮流、遵循自然法则，以坚忍的毅力和居安思危的心态来迎接命运的挑战，上天对他也无计可施。

中和为福　偏激为灾

【原文】

躁性者火炽，遇物则焚；寡恩者冰清，逢物必杀；凝滞固执者，如死水腐木，生机已绝，俱难建功业而延福祉。

【译文】

性情急躁的人，他的一言一行都如烈火一般炽热，所有跟他接触的人物都会被焚热；刻薄寡恩的人，他的一言一行就好像冰雪一般冷酷，不论任何人物碰到他都会遭到残害；头脑顽固而呆板的人，既像一潭死水也像一株朽木，死气沉沉的已经完全断绝了生机，这些都不是能成大功、立大业，为社会造福的人。

【赏析】

急躁、刻薄、顽固这三种性格都会对自己的事业造成不利的影响，也会给人际关系蒙上阴影。性情急躁的人易在准备还不充分的时候就匆匆行事，从而使事情漏洞百出；性情刻薄的人很难与人愉快合作，由于内心的偏狭会失去事业成功的基础；性情顽固的人独断专行、刚愎自用，听不进别人的意见，也不愿反省自己，所以做事很难成功。

谨言慎行　君子之道

【原文】

十语九中，未必称奇，一语不中，则愆尤骈集；十谋九成，未必归功，一谋不成，则訾议丛兴。君子所以宁默毋躁，宁拙无巧。

【译文】

即使十句话说对九句，也未必有人称赞，但是如果说错一句，就会立刻遭人指责；即使十次计谋九次成功，也未必得到奖赏，可是只要失败一次，责难就纷纷到来。所以君子做人，宁肯保持沉默，也不随便发言，宁肯显得笨拙，也不自作聪明。

【赏析】

“好事不出门，坏事传千里。”很多人喜欢看别人的笑话，传播别人的隐私，并添油加醋地加以宣扬，与其和他们生气，去跟他们解释，还不如平常谨言慎行，让那些想陷害你、打击你的人找不到机会。

正义路广　欲情道狭

【原文】

天理路上甚宽，稍游心，胸中便觉广大宏朗；人欲路上甚窄，才寄迹，眼前俱是荆棘泥涂。

【译文】

大自然中的道理就像一条宽敞的大路，只要人们略微用心探讨，心灵深处就会无边辽阔，豁然开朗；人世间的欲望就好像一条狭窄的小径，刚一把脚踏上就觉得眼前全是一片崎岖不平的泥路，只要稍一不小心就会把两脚陷进泥潭之中。

【赏析】

“心底无私天地宽，利欲熏心行路难。”即使是在方寸之间，存善积德，存天理、灭人欲，也能畅通无阻。与此相反，一个自私自利的人，一个欲壑难填的人，在物质享受的欲望的驱使下，必定损人利己，且不说难以建立事业，一旦恶行暴露无遗，就连性命也难以保住，这样的教训真是举不胜举。

虚心明义　实心却物

【原文】

心不可不虚，虚则义理来居；心不可不实，实则物欲不入。

【译文】

人一定要抱着虚怀若谷的胸襟，因为只有谦虚才能容纳真正的学问和真理；同时也要抱着择善固执的态度，因为只有坚强的意志才能抵抗外来物欲的诱惑。

【赏析】

金无足赤，人无完人。只有虚心好学，才能取人之长，补己之短，日益完善自己的学业和品格。做学问如此，做人亦如此，只有善于听取不同的意见，并改进自己的不足，才能形成正确的认识，鉴别出善恶是非，自觉抵制私心杂念的侵袭。

厚德载物　雅量容人

【原文】

地之秽者多生物，水之清者常无鱼。故君子当存含垢纳污之量，不可持好洁独行之操。

【译文】

满是腐草粪便的土地才能生长植物，清澈见底的水不会有鱼虾繁殖；所以修养高深的君子，应该有接纳庸俗的气度和宽恕他人的雅量，不可自命清高。

【赏析】

“水至清则无鱼，人至察则无徒。”生活的空间里污洁并存，良莠混杂，善恶交错，要想成就一番事业就必须有清浊并容的雅量，善于与不同的人、不同的环境打交道，这是我们立身处世的基本态度，也是一个人事业成功所必须具备的心理素质。

忧劳兴国　逸豫亡身

【原文】

泛驾之马可就驰驱，跃冶之金终归型范。只一优游不振，便终身无个进步。白沙云："为人多病未足羞，一生无病是吾忧。"真确论也。

【译文】

一匹性情凶悍的马，只要训练有素，驾驭得法，仍然可以骑上它奔驰万里；在熔化时爆出熔炉的金属，最后还是被人注入模型变成器具。一个人只要一贪图吃喝玩乐、游手好闲，就会使精神陷于萎靡不振的状态，如此就一辈子也没什么出息。所以[明]陈献章才说："做人有过失并没什么可耻的，只有一生不知悔悟的人才最值得忧心。"这真是一句至理名言。

【赏析】

孟子说过："天将降大任于斯人，必先苦其心志，劳其筋骨，饿其体肤。"这说明一个人的成长，离不开艰苦环境的磨炼和自我的约束。有了错误并不可怕，可怕的是不思悔改，可贵的是能对自己的缺点不断进行反省。不思悔改只能是错上加错，反省自己才能使自己不断进步。

心公不昧　六贼无踪

【原文】

耳目见闻为外贼，情欲意识为内贼，只是主人翁惺惺不昧，独坐中堂，贼便化为家人矣！

【译文】

眼观美色，耳听乐音，这些声色都可以称之为外来之贼；感情冲动，欲欲横流，这些情欲都可以称之为内贼。无论内贼外贼，只要主人头脑清醒，言行端正，这些内外之贼反而都会变成修养品德的助手。

【赏析】

社会是个大染缸，人一不小心，就会陷入各种陷阱之中，难以自拔。人的内心也充满了各种考验心灵的矛盾，人生活在内外这两种敌人的夹攻之间，能否把握自己是成败的关键。情欲的满足可以带来身心的愉快，但超越礼仪的情欲就可以毁灭人的一生，所以在日常生活中要善于克制自己，不要做出越轨的事情来。

勉励现前　图谋未来

【原文】

图未就之功，不如保已成之业；悔既往之失，不如防将来之非。

【译文】

与其图谋没有把握完成的功业，不如维护已经完成的业绩；与其懊悔已经发生的过失，不如预防未来可能出现的错误。

【赏析】

对自己的人生要有个正确的认识和计划。对于过去，成功的事情不要好汉总提当年勇，失败的事情要吸取深刻的教训；对于现在，要把握好每一个机会，脚踏实地地干好自己的事业；对于将来，要充满希望，也要有迎接困难的心理准备。这样总结过去，立足现在，着眼未来，既可以获得严防旧错重犯的盾，又可以获得进步成功之梯的矛。

养天地气　法古今人

【原文】

气象要高旷，而不可疏狂；心思要缜密，而不可琐屑；趣味要冲淡，而不可偏枯；操守要严明，而不可激烈。

【译文】

气度要恢宏广阔，但是不可流于粗野狂放；思想要缜密周详，但是不可变得繁杂纷乱；情趣要清静恬淡，但是不可过于枯燥单调；志行要严肃磊落，但是不可流于偏激暴烈。

【赏析】

做人处事要掌握好分寸确实不易，品德和气质的修养也是这样。气度旷达、心思缜密、情趣淡泊、节操清明，本来是一种好的品德，但超出度的原则，就会失之偏颇。就如一个人认真过了头就显得呆板；快乐过了头就显得轻浮；节约过了头就成了吝啬；清高过了头就成了傲慢。所以追求完美的品德和气质是要下一番真功夫的。

穷当益工　勿失风雅

【原文】

贫家净扫地，贫女净梳头，景色虽不艳丽，气度自是风雅。士君子一当穷愁寥落，奈何辄自废弛哉？

【译文】

贫穷的家庭要经常把地打扫得干干净净，贫家的女儿要经常把头梳得清清洁洁，摆设穿着虽不豪华艳丽，却自是一种高雅脱俗。因此有才德的人，一旦际遇不佳而处于穷困潦倒的景况，怎么能萎靡不振、自暴自弃呢？

【赏析】

良好的精神面貌是事业成功的心理基础。贫穷的人有了它才不会失去奋争的勇气，富贵的人有了它才会生活得充实。如果一个人精神不振，即使身穿华丽的衣服，也难给人惊艳的感觉。

未雨绸缪　有备无患

【原文】

闲中不放过，忙处有受用；静中不落空，动处有受用；暗中不欺隐，明处有受用。

【译文】

在闲暇的时候，不要轻易放过宝贵的时光，等到忙碌起来就会受用不尽；在平静的时候，不要忘记充实自己的精神，等到重任在肩就会应付自如；在静坐无人之处，也能保持光明磊落的胸怀，在众人面前才会受到尊敬。

【赏析】

做事的计划是很重要的，只有精心地把准备工作做好，工作的开展才会顺利进行。首先要善于平衡忙和闲的关系，不要堆积，当日之事当日完，就可以做到忙中有闲；其次要处理好动与静的关系，在安宁平静的时候，不要停止思考问题，这样，在真正遇到问题时才能迎刃而解；最后还要把握明与暗的关系，即使在没有人看见的阴暗角落里，也不要做见不得人的事，只有坦坦荡荡，光明磊落，才能挺起胸膛做人。

宁静淡泊　观心之道

【原文】

静中念虑澄澈，见心之真体；闲中气象从容，识心之真机；淡中意趣冲夷，得心之真味。观心证道，无如此三者。

【译文】

一个人只有在宁静中，心绪才会像秋水般清澈，这时才能发现人性的真正本源；一个人只有在闲暇中，气概才会像万里晴空般舒畅悠闲，这时才能发现人性的灵魂；一个人只有在淡泊明志中，内心才会如平静无波的湖水般谦冲和蔼，这时才能获得人生的真正道理，再也没有比这三种方法更好的了。

【赏析】

天地的玄机只在一个“悟”字，自我的玄机只在一个“静”字，当一个人心静如水时，心才能犹如明镜一样，一尘不染，才会发现真正的心性。宁静才能致远，淡泊才以明志。

动中真静　苦中真乐

【原文】

静中静非真静，动处静得来，才是性天之真境；乐处乐非真乐，苦中乐得来，才是心体之真机。

【译文】

在万籁俱寂中得到的宁静，并非真宁静，只有在喧闹环境中保持内心平静，才是合乎本性的真宁静；在狂歌热舞中得到的快乐，并非真快乐，只有在艰苦环境中保持情绪乐观，才是合乎本性的真快乐。

【赏析】

在当今这个竞争日益激烈的商品时代中，能够视金钱如粪土，自然生活的人，他的心肯定是平静的；而能在竞争的环境中自得其乐，充满信心，努力上进的人，他的心肯定是快乐的。所以说“心态决定一切”，一个人对生活的感受，不在于他所处的环境，关键在于如何看待生活。

己毋处疑　恩勿望报

【原文】

舍己毋处其疑，处其疑，即所舍之志多愧矣；施人毋责其报，责其报，并所施之心俱非矣。

【译文】

一个人想舍己为人，就不应犹豫不决，如果心存计较就会使志节蒙羞；一个人想施恩他人，就不要希望得到回报，如果这样想，就会使好心变质。

【赏析】

真正品德高尚、救助他人的人是那些默默无闻的奉献者，而不是用虚假的情意来欺骗别人，从而达到自己的目的。如果这样做最多只能算一个伪善家，一旦被人识破阴谋，撕下虚伪的面孔，丑行就暴露无遗了。

厚德积福　逸心补劳

【原文】

天薄我以福，吾厚吾德以迓之；天劳我以形，吾逸吾心以补之；天厄我以遇，吾亨吾道以通之。天且奈我何哉？

【译文】

如果上天不肯给我福分，我就多做善事培养我的福分；如果上天用劳苦困乏我，我就用安逸的心情保养我的身体；如果上天用穷困折磨我，我就开辟求生之路打通困境。如此一来，上天又能奈我何？

【赏析】

命运不会对每个人都一样的公平，在不公平的命运面前，只能自强不息，依靠自己来拯救自己，而绝不是自叹命薄，自暴自弃。

天机最神　智巧何益

【原文】

贞士无心徼福，天即就无心处牖其衷；险人着意避祸，天即就着意中夺其魄。可见天之机权最神，人之智巧何益？

【译文】

一个志节坚贞的君子，虽不曾追求自己的福祉，可上天却在他无意之间来引诱他；一个行为不正的小人，虽然用尽心机妄想逃避灾祸，可是上天却在他巧用心机之时剥夺他的精神。由此观之，上天对于权力的运用真可说是神奇无比、变化莫测，人类平凡无奇的智慧在上天面前实在无计可施。

【赏析】

“生死由命，富贵在天。”生死富贵并不由天决定，因果报应也能靠祈祷获得，但古人迷信天命，认为一个人的善良与邪恶，每时每刻都受上天的监视，好人得到幸福，坏人遭受灾祸，在这种落后的天命思想中反映了一种朴实的民意、善良的愿望。

人重结果　田看收成

【原文】

声妓晚景从良，一世之胭花无碍；贞妇白头失守，半生之清苦俱非。语云：“看人只看后半截。”真名言也。

【译文】

歌妓、舞女等风尘女子，虽然前半生以卖笑为业，如果到了晚年能嫁人当一名良家妇女，那么她以前放荡的生活并不会对后来的生活构成妨碍；可是一个一生都坚守贞操的节妇，如果到了晚年由于耐不住寂寞而失身的话，那她前半生的辛苦都将付诸东流。俗语说：“要评定一个人的功过得失，必须看他后半生的晚节。”这真是至理名言。

【赏析】

事业易成，晚节难保。有多少浪子回头，痛下决心建立了辉煌的事业，受到人们的赞扬，又有多少功成名就之人，因抵挡不住金钱、美女、权势的诱惑，落了个晚节不保的下场，受人们唾弃。所以有缺点、犯错误都不是可怕的事情，怕的是不思悔改，一错到底。

多种功德　勿贪权位

【原文】

平民肯种德施惠，便是无位的公相；士夫徒贪权市宠，竟成有爵的乞人。

【译文】

普通老百姓只要肯多积功德广施恩惠帮助他人，就等于一位没有实际爵禄的公卿宰相，受到万人的景仰；反之达官贵人假如一味贪恋权势而把官职作为一种生意买卖，欺下瞒上，这种人行径的卑鄙就如同一个有爵禄的乞丐那样可怜。

【赏析】

贵族有物质上的贵族和精神上的贵族之分，乐善好施的平民百姓就是精神上的贵族，贪婪邀宠的达官就是物质上的贵族。做官的人比一般人更需要高尚的品德和为民谋福利的情操。如果他升官靠的是欺下瞒上、阿谀奉承的话，那他就一定是个以权谋私的无耻之徒，他即使积累了财富也将失去人格，失去为官的基础，最终落得个权财两失的下场。

当念积累　常思倾覆

【原文】

问祖宗之德泽，吾身所享者是，当念其积累之难；问子孙之福祉，吾身所贻者是，要思其倾覆之易。

【译文】

假如要问我们的祖先是否给我们留下恩德，就要看看我们现在生活所享受的程度是否高，假如确实高那就算祖先所累积下的恩德，我们就要感谢祖先当年留下这些德泽的不易；假如要问我们的子孙将来是否能生活幸福，就必须先看看自己给子孙留下的德泽究竟有多少，假如我们给子孙留下的恩惠很少，就要想到子孙势将无法守成而容易使家业衰败。

【赏析】

"创业难，守业更难。"今天我们所享受的一切物质文明和精神文明，都是祖先给我们留下的，我们不仅要继承下来，还要发扬光大。它是民族精神的精华，也是国家发展壮大的基础。听任外来文化的入侵和渗透，我们的国家就有倾覆的危险。对于后人来讲，我们属于创业者，我们不仅要给他们留下现成的基业，还要给他们留下创业守业的精神。

明枪易躲　暗箭难防

【原文】

君子而诈善，无异小人之肆恶；君子而改节，不及小人之自新。

【译文】

一个伪装善良的正人君子，与一个无恶不作的邪僻小人并没有区别；一个正人君子如果改变自己的志节，那他还不如一个痛改前非而重新做人的小人。

【赏析】

"明枪易躲，暗箭难防。"生活中常有一些披着羊皮的狼，他们比真正的小人更具有欺骗性和危险性。在生活中这种"金玉其外，败絮其中"的人还不在少数，他们满嘴仁义道德，其实肚子里全是阴谋诡计，表面上谦恭俭让，实际上是内心阴暗恶毒。在生活中一定要警惕这样的伪君子。

春风解冻　和气消冰

【原文】

家人有过，不宜暴怒，不宜轻弃。此事难言，借他事隐讽之；今日不悟，俟来日再警之。如春风解冻，如和气消冰，才是家庭的型范。

【译文】

如果家人犯了什么过错，不可随便发脾气，更不能以冷漠的态度置之不理；如果所犯过错不好直说，就借其他事情暗示使之改正；如果无法立刻使他悔悟，就耐心等待时机再殷殷劝告。因为循循善诱，就像春风一般能消除冰天雪地的冬寒，就像暖流一般能融化冻如石块的严冰，充满和气的家庭才是模范家庭。

【赏析】

众多的家长容易采取两种教育孩子的方式：一种是打骂型，一种是放任型。前一种是家长对犯错的孩子非打即骂，既不分析犯错误的原因，也不注意教育应取得的效果，打完骂完教育就算完成。这种教育的结果只能有两种：孩子不是从此变得懦弱，就是进行反抗造成更大的错误。而放任型是家长对孩子的事情漠不关心，自己整天不是打麻将，就是泡舞厅，放任孩子自由成长，根本谈不上尽家长的责任，还可能由于自己的不良影响，致使孩子犯更多的错误。家庭教育环境和家庭教育方法是密不可分的，温馨的家庭和循循善诱的教育方法，才是孩子成长的摇篮。

操履多变　锋芒不露

【原文】

淡泊之士，必为浓艳者所疑；检饬之人，多为放肆者所忌。君子处此，固不可少变其操履，亦不可太露其锋芒。

【译文】

一个具有高深才德而又能淡泊明志的人，一定会被那些热衷名利的人怀疑；一个言行谨慎处处检点的真君子，往往会遭受那些邪恶放纵无所忌惮的人的嫉妒。所以一个有才学而又有修养的君子，万一不幸处在这种既被猜疑而又遭忌恨的恶劣环境中，固然不可以改变自己的操守和志向，但是也绝对不可以过分表现自己的才华和节操。

【赏析】

人性中有很多的弱点，“枪打出头鸟”“树大招风”，就形象地说明了这一现象。古往今来，有才能的人往往受到无能之辈的排挤，有德行的人常常遭到无德之人的诽谤，这种事情屡见不鲜。所以在这种非正常的环境中，德才兼备的人要想有所作为，就必须适应自己所处的环境，在不露痕迹、隐藏锋芒的情况下，贡献自己的才智，报效国家。

顺不足喜　逆不足忧

【原文】

居逆境中，周身皆针砭药石，砥节砺行而不觉；处顺境内，眼前尽兵刃戈矛，销膏靡骨而不知。

【译文】

一个人如果生活在艰苦贫困的环境中，那周围所接触到的全是有如医疗器材般的事物，在不知不觉中会使你敦品励行把一切毛病都治好；反之一个人如果生活在无忧无虑的良好环境中，这就等于你面前摆满了刀枪等杀人的利器，在不知不觉中使你的身心受到腐蚀走向失败的路途。

【赏析】

“自古英雄多磨难，从来纨绔少伟男。”这句话并非真理，但它却形象地告诉我们一则启示：艰难困苦的环境就好像是针灸药石等医疗器具，虽然在承受的过程中我们会痛会苦，但在不知不觉中却磨炼了我们的意志和品德，促使我们奋发上进；而处在顺利的环境中，就像眼前所看到的都是刀剑戈矛等杀人利器，在不知不觉中刺伤了我们的胸骨心脏，让我们走向堕落死亡。

精诚所至　金石为开

【原文】

人心一真，便霜可飞，城可陨，金石可镂。若伪妄之人，形骸徒具，真宰已亡，对人则面目可憎，独居则形影自愧。

【译文】

一个人的精神修养如果达到至诚，就可感动上天变不可能为可能。例如邹衍受了委屈，上天竟在盛夏之日下霜，杞植的妻子由于悲痛丈夫的战死，居然哭倒了城墙，甚至金石也会由于真诚而雕凿贯穿；一个人如果心存虚伪，念头邪恶，那他只不过空有人的形体，灵魂早已死亡，并且由于心术不正也会使人觉得讨厌，当夜深人静之时，忽然良心发现，面对自己的影子也会觉得万分羞愧。

【赏析】

精诚所至，金石为开。真诚既是一种可贵的品质，亦是一种伟大的力量。一个人拥有了真诚，就像拥有了一把打开善良之门的钥匙，也就具备了修身养性的基础。而生活中那些虚情假意，丧失诚信的人，虽然会得意于一时，但终究会受到世人的唾骂和自己良心的谴责。

文章恰好　人品本然

【原文】

文章做到极处，无有他奇，只是恰好；人品做到极处，无有他异，只是本然。

【译文】

文章写到登峰造极的境界时，并没有什么特别奇妙的，只是把内心的思想感情表达得恰到好处而已；一个人的修养如果达到炉火纯青的境界时，并没有什么特别的，只是使自己的精神回到纯真的本然之性而已。

【赏析】

堆砌词藻、无病呻吟是写文章的大忌，大诗人李白早就提出了“清水出芙蓉，天然去雕饰”的文学创作原则，那些工于词藻，追求辞章华美的人，创造出的东西必会显得苍白无力。做人也具有同样的道理，矫揉造作总给人以虚假不实之感，只有平平淡淡才是真，品行修养极高的人，其实就是一个纯真自然的人，所以，让我们都做个本真的自我吧！

忠恕待人　养德远害

【原文】

不责人小过，不发人阴私，不念人旧恶。三者可以养德，亦可以远害。

【译文】

不要轻易责难他人所犯的小过，也不要随便揭发他人生活的隐私，更不要对他人以往的错误耿耿于怀。遵守这三大做人的原则，不但可以培养自己的品德，也可以避免意外的灾祸。

【赏析】

我们日常生活中经常碰到的事情，也是常常被我们忽略的事情。其实要做好以上所说的这三件事情并不容易，因为它一针见血地指出了我们人类的弱点。背地里议论别人的长短，挖掘别人的隐私，为一点小事记仇不愉快，不但造成了人际关系的紧张，而且也惹出一些意外的麻烦。这些事情看起来小，做出来麻烦却大，所以既不要随便乱说，更不要念人旧恶，要宽恕待人，与人为善。

持身勿轻　用心毋重

【原文】

士君子持身不可轻，轻则物能挠我，而无悠闲镇定之趣；用意不可重，重则我为物泥，而无潇洒活泼之机。

【译文】

一个才德兼备的士大夫型君子，平日待人接物绝对不可有轻浮的举动，尤其不可有急躁的个性，因为一旦轻浮急躁，就会把事情弄糟而使自己受到困扰，这样自然就会丧失悠闲宁静了；不论在处理任何事情时，都不可思前虑后想得太多，因为凡事如果想得太多，就会陷入受外界约束的艰苦局面，这样自然会丧失潇洒、超然物外、无拘无束而有蓬勃朝气的生机。

【赏析】

持身不可轻，用意不可重。做事情不能鲁莽急躁，否则就会欲速则不达，预想的效果不但没有达到，反而会因为急躁而把自己的生活弄得一团糟。但在考虑事情时，也不能瞻前顾后，犹豫不决，这种前怕狼后怕虎的做法只会丧失成功的良机。

人生无常　不可虚度

【原文】

天地有万古，此身不再得；人生只百年，此日最易过。幸生其间者，不可不知有生之乐，亦不可不怀虚生之忧。

【译文】

天地的运行是永恒不变的，可是人的生命只有一次，死了之后就不再复活。例如一个人最多也不会活过一百岁，可是百年的时间跟天地来比只不过是一刹那。我们人类既然能侥幸诞生在这永恒不变的天地之间，既不可不了解我们生活中所应享的乐趣，也不可不随时提醒自己不要蹉跎岁月，虚度一生。

【赏析】

“生命诚可贵”，生命只有一次，任何人都应珍惜，热爱生命，且不可虚度光阴。三国时曹操曾有人生“譬如朝露，去日苦多”的慨叹，唐朝陈子昂有“前不见古人，后不见来者；念天地之悠悠，独怆然而涕下”的诗句，革命伟人毛泽东有“一万年太久，只争朝夕”的强烈生命意识，只有把有限的生命投入到忧国忧民、利国利民的事业中去，才能体会到生命的真正价值。

持盈履满　君子兢兢

【原文】

老来疾病，都是壮时招的；衰后罪孽，都是盛时造的。故持盈履满，君子尤兢兢焉。

【译文】

一个人如果到了晚年而体弱多病，那都是年轻时不注意爱护身体所招来的痛苦；一个人失意以后还会有罪刑缠身，那都是在得志时贪赃枉法所造成的罪孽。因此一个有高深修养的人，即使生活在幸福环境中，也要凡事都抱着战战兢兢的认真态度，以免伤害到身体或者得罪人。

【赏析】

"种什么因得什么果。"有些人升官发财之后，尽干些损人利己的事，最终免不了下台为后人所唾骂。假如，能够在春风得意时，居安思危，多做好事，多积善德，无论世事如何变化，都可以确保福寿安康。

不畏人忌　不惧人毁

【原文】

曲意而使人喜，不若直躬而使人忌；无善而致人誉，不若无恶而致人毁。

【译文】

一个人与其委屈意愿而博取他人的欢心，不如刚正不阿、光明磊落而遭小人的忌恨；一个人与其没有善行而受他人的赞美，不如没有劣迹而遭小人的毁谤。

【赏析】

待人处事的方式多种多样，各人自有取舍。有的人喜欢曲意逢迎；有的人喜欢直言不讳。世上总有一些人心胸狭隘，在别人比自己强的时候就心怀嫉妒，唯恐别人不出丑、不失败，渴望用别人的失败来证明自己的高明，或者是看看别人的笑话也好。除此之外，还有一些人处世圆滑，千方百计博取众人的欢心，总是以一副老好人的面目出现在世人面前。这两种人既可悲又可恨，活得最没有意义。

容处家变　切规友失

【原文】

处父兄骨肉之变，宜从容，不宜激烈；遇朋友交游之失，宜剀切，不宜优游。

【译文】

当你不幸遇到父母兄弟或骨肉至亲之间发生家庭纠纷或人伦惨变事故时，你应该忍住悲痛的心情，保持沉着的态度，绝对不可以感情用事，采取激烈言行而把事情弄得更坏；当你跟知心好友交往时，万一遇到朋友犯了什么过失，你应该亲切诚恳地来规劝他，绝对不可以由于怕得罪他而眼看着他继续错下去。

【赏析】

父母兄弟因为是自己的至亲，同学朋友因为是自己的同窗知己，对于他们的缺点，我们通常都心怀仁慈地加以宽容，但是他们做错事的时候，我们决不能姑息。对家人的错误要做到不偏袒，通过耐心开导使他醒悟；对朋友的过失要从善意出发恳切规劝，不能无原则地为朋友两肋插刀，从而避免不必要的纠纷，这就是处世的艺术。

大处着眼　小处着手

【原文】

小处不渗漏，暗处不欺隐，末路不怠荒，才是个真正英雄。

【译文】

做人做事必须处处小心谨慎，就是细微的地方也不可粗心大意，即使是呆在没人听见没人看见的地方，也绝对不可以做见不得人的坏事，尤其当你处于穷困潦倒、不得意的时候，仍旧不要忘掉奋发上进的雄心壮志。这样的人才算得上是真正有作为的英雄好汉。

【赏析】

真正的英雄是有勇有谋、有理有节、粗中有细、刚柔并济之人，有勇无谋的人算不得真正的英雄，经不起挫折的人也不能算是英雄。即使不做英雄，做一平凡人物，也要做到从大处着眼，小处入手，并经受住失败的考验，这是一条经过验证的人生经验。

藏巧于拙　寓清于浊

【原文】

藏巧于拙，用晦而明，寓清于浊，以屈为伸，真涉世之一壶，藏身之三窟也。

【译文】

做人宁可装得笨拙一点也不可显得太聪明，宁可收敛一点也不可锋芒毕露，宁可随和一点也不可太自命清高，宁可退缩一点也不可太积极冒进，这才是立身处世最有用的救命法宝，这才是明哲保身最有用的狡兔三窟。

【赏析】

“大智若愚，大巧若拙。”懂得了智与巧，愚与拙，也就真正理解了生活。从而掌握了进和退、屈和伸、实现自我和保全自我的关系。一个有才华的人想保护好自己而不遭受别人的打击，就要做到大智若愚，大巧若拙，以退为进，以屈为伸。

放下屠刀　立地成佛

【原文】

当怒火欲水正腾沸处，明明知得，又明明犯着，知的是谁，犯的又是谁？此处能猛然转念，邪魔便为真君矣。

【译文】

一个人当愤怒像熊熊烈火一般上升，欲念犹如开水一般在心头翻滚时，虽然他自己明知这是不对的，可是他又眼睁睁地不加控制，知道这种道理的是谁呢？明知故犯的又是谁呢？假如当此紧要关头能够突然改变观念，那么邪魔恶鬼也就变成慈祥的上帝了。

【赏析】

圣人之所以成为圣人，并不是因为他心中没有情绪和欲念，而是他善于控制自己浮躁的情绪和不良的欲望，当愤怒在胸中燃烧、欲望在心中沸腾时，他们总是能够用自己的理智和意志去克制战胜这些私心杂念。战胜自己比战胜敌人需要更大的勇气和毅力，所以说，一念之间可以使凡人变成圣人，也可以使圣人变成魔鬼。

毋偏信自任　毋自满嫉人

【原文】

毋偏信而为奸所欺，毋自任而为气所使；毋以己之长而形人之短，毋因己之拙而忌人之能。

【译文】

不要误信他人的片面之词，以免被奸诈之徒所欺骗，不要过分信任自己的才干，以免受到意气的驱使；不要依仗自己的长处而宣扬他人的短处，不要由于自己的笨拙而嫉妒他人的聪明。

【赏析】

要想对付小人是需要好好下一番功夫的。首先是自己不偏听偏信，不挑拨离间，不造谣、不传谣、相信自己的观察，待人待事持公允的态度。其次是不意气用事，更不能恃才傲物。最后是做到对比自己弱的人要宽容，对比自己强的人不嫉妒。

毋以短攻短　毋以顽济顽

【原文】

人之短处，要曲为弥缝，如暴而扬之，是以短攻短；人有顽固，要善为化诲，如忿而疾之，是以顽济顽。

【译文】

发现别人有缺点，要婉转地掩饰与规劝，如果当众揭发人家的缺点，就不仅会伤害别人的自尊心，也证明自己的无知和欠缺；一旦发现某人愚蠢固执时，要耐心地诱导和启发，如果对人家生气或厌恶，就不仅无法改变别人的愚蠢与固执，也证明自己的愚蠢与固执。

【赏析】

“来说是非者，便是是非人。”有的人光是说别人身上的缺点，从来也没发现其实自己身上也有，与其到处宣扬别人的不是，还不如先努力地去改正自己的不足。如果你去揭发别人的短处，别人也来揭发你的缺点，这样一个缺点就导致了两个错误。所以发现别人的不足，先要检查己身，己身不正，何以正他人？

对阴勿推心　遇高勿多口

【原文】

遇沉沉不语之士，且莫输心；见悻悻自好之人，应须防口。

【译文】

假如你遇到一个表情阴沉而不喜欢说话的人，千万不要一下就推心置腹跟他做朋友；假如你遇到一个满脸怒气、自以为了不起的人，你就要尽量小心谨慎不和他说话。

【赏析】

“逢人只说三分话，莫要全抛一片心。”这话是有一定道理的。不经过一段时间的了解，是看不出一个人品行好坏的，也就很难决定交往的程度。然而人的表情是内心世界的反映，从一个人的外部表情可以窥探一个人的内心，在生活中要善于察言观色，通过对方的言行举止来判断对方的真诚与否，而不能轻信于人，否则后悔莫及。

震聋启聩　临深履薄

【原文】

念头昏散处，要知提醒；念头吃紧时，要知放下。不然恐去昏昏之病，又来憧憧之扰矣。

【译文】

当头脑昏沉纷乱时，应该平静下来让头脑清醒，当工作烦琐紧张时，要懂得暂停一下，以使情绪恢复镇定轻松，否则恐怕刚刚治好昏沉纷乱之病，却又出现左右为难的困扰。

【赏析】

做事切莫一根筋。应注意自我调节，做到忙里偷闲，松弛有度。头脑昏乱时不要勉强自己做事，大脑紧张时不要勉强硬撑着，要注意放松休息。心情要经常加以调剂，才能保持愉快，身体要时时注意保养，才能保持充沛的体力。

有识有力　魔鬼无踪

【原文】

胜私制欲之功，有曰识不早、力不易者；有曰识得破、忍不过者，盖识是一颗照魔的明珠，力是一把斩魔的慧剑，两不可少也。

【译文】

战胜私情、克制物欲的功夫，有的人是由于没发现情欲的害处又没有克制情欲的意志，有的人虽然看清了情欲的害处却又忍受不了克制情欲的困难。因此，一个人的智慧是揭发魔鬼的法宝，一个人的意志是消灭魔鬼的利剑，在战胜情欲方面二者缺一不可。

【赏析】

自私是人类的共同弱点，私心私欲可能会导致害人害己的结果，这个道理人人皆知，可是有些人，却千方百计为自己寻找自私自利的借口。如果人人都只为自己着想而不顾忌他人，社会就无法进步，我们人类也就无法和睦相处，这就要求人们要克服自私。克服自私是一种自觉的行为，而认识和意志是克服自私最有力的法宝。

大量能容　不动声色

【原文】

觉人之诈，不形于言；受人之侮，不动于色，此中有无穷意味，亦有无穷受用。

【译文】

发觉被人欺骗不要立刻说出来，受人侮辱也不要立刻生气，一个人有吃亏忍辱的胸襟，在人生旅途上自然有无穷妙处，对前途事业也一生受用不尽。

【赏析】

喜怒不形于色，是自我保护的一种方法。“忍得一时之气，才做得人上之人”即是此意。在遇到被人欺骗侮辱时，要审时度势，不动声色，才能保存自己，以谋他日之图。也只有忍得一时之气，才能成就伟大功业。

困苦穷乏　锻炼身心

【原文】

横逆困穷是锻炼豪杰的一副炉锤，能受其锻炼，则身心交益，不受其锻炼，则身心交损。

【译文】

人间一切的横逆、灾难和困苦相当于磨炼英雄豪杰心性的熔炉和铁锤，只要能够接受这种锻炼的人，对他的肉体与精神都会有好处；反之，如果承受不了这种恶劣环境煎熬的人，他的肉体和精神都会受到伤害。

【赏析】

时势造英雄。一个人成熟、成功的过程就是经历困苦、战胜困难的过程。尤其是在当今社会，商场如战场，要想取得成功，首先就要下海经受风雨的考验，经受住了，才能在商海里游刃有余，否则将会一败涂地、身心俱损。可见困苦环境的锻炼对人是有益无害的，特别是年轻人更要有意识地锻炼自己，这样才能多取得人生经验，从而少走弯路。

戒疏于虑　警伤于察

【原文】

害人之心不可有，防人之心不可无，此戒疏于虑也；宁受人之欺，毋逆人之诈，此警伤于察也。二语并存，精明而浑厚矣。

【译文】

“害人之心不可有，防人之心不可无”，这句话是用来告诫在与人交往时警觉性不够好的人；“宁可忍受他人的欺骗，也不愿在事先拆穿人家的骗局”，这句话是用来劝戒那些警觉性过于高的人。假如一个人在和人相处时能牢记上面两句话，那才算得上警觉性高又不失纯朴宽厚的为人之道。

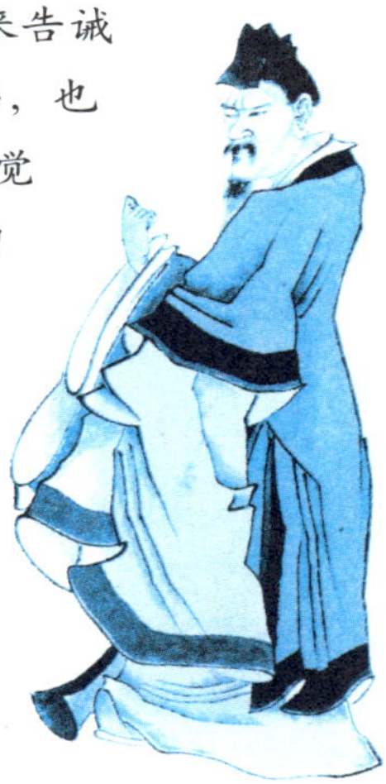

【赏析】

社会是一个复杂的复合体，所以在交往中要防范他人，但又不能过分怀疑他人。一个人不要害人，因为害人必定害己；一个人却不能不提防人，因为不提防人也会害己，所以一个人要对自己周围的人心中有数。但也不能对谁都提防，对谁都不信任，这样只会是一个朋友也没有，使生活枯燥无味。防人是一种处世方法，而相信他人则是一种美德。

辨别是非　认识大体

【原文】

毋因群疑而阻独见，毋任己意而废人言；毋私小惠而伤大体，毋借公论以快私情。

【译文】

不要因为大多数人都疑惑而放弃自己的独特见解，也不要固执己见而忽视别人的忠实良言；不可施小恩小惠笼络人心而伤害大体，也不可假借舆论而满足个人欲望。

【赏析】

“择其善者而从之”，是古代圣贤对待不同意见的做法。“兼听则明，偏听则暗”，说明了对待别人的意见采取不同的态度，结果也就会不同。假如一个人只喜欢听好话，那他的周围就会有许多不说实话的人，从而使他视听不明，事业受损。所以个人的真知灼见是在集体的智慧上建立起来的，只有集思广益，广纳善言，利用各方的长处，才能做出正确的决策。

人道伦常　本乎天性

【原文】

父慈子孝，兄友弟恭，纵做到极处，俱是合当如此，着不得一丝感激的念头。如施者任德，受者怀恩，便是路人，便成市道矣。

【译文】

父母对子女慈祥，子女对父母的孝顺，兄姐对弟妹的爱护，弟妹对兄姐的尊敬，等等，即使拿出最大爱心做到最完美境界，也都是骨肉至亲之间所应当这样做的，因为这完全都是出于人类与生俱来的天性，彼此之间绝对不可以存有一点感激的想法。假如父母养育子女，兄姐友爱弟妹，个个都怀着一颗思恩图报的观念，以及子女对父母的孝顺，弟妹对兄姐的尊敬，也都怀着感恩图报的心理，那就等于把骨肉至亲变成了路上的陌生人，而且也把出自真诚的骨肉之情变成了一种市井交易。

【赏析】

父慈子孝、兄友弟恭，是天经地义的人之常情，也是一种最纯洁的人间亲情，它维系着家庭的和睦和安宁。但有的人却为了钱，弄得夫妻不和，父子反目，甚至是为了其他什么理由而推卸对子女的责任和义务，这些都是道德的沦丧。如果亲情关系变成了金钱关系，彼此以交易方式对待亲人，那就无所谓亲，无所谓家了。整个社会也就变成了可怕的人间地狱。人间最可贵的是真情，让我们从父母兄弟姐妹之间开始播种爱心吧！

不夸妍好洁　无丑污之辱

【原文】

有妍必有丑为之对，我不夸妍，谁能丑我？有洁必有污为之仇，我不好洁，谁能污我？

【译文】

人间之事，有美好的就有丑陋的来对比，如果我不自夸其好，有谁会讽刺我丑陋呢？世上之物，有洁净的就有肮脏的来对比，如果我不养成洁癖，有谁会讽刺我肮脏呢？

【赏析】

天地万物都是矛盾对立的统一体。美丑善恶都是以对立面的存在才体现出来的，假如没有恶和丑也就没有美和善，明白了一切现象的内在变化条件，才能对事物形成一种全面的认识。人中有人，山外有山，自己认为的优点，在别人看来也许正是缺点；自己认为的美丽，在别人看来也许正是丑陋；自己认为的洁净，在别人看来也许正是污秽，唯有谦虚谨慎才是安身立命的根本。

功过不容混　恩仇不可明

【原文】

功过不容少混，混则人怀惰堕之心；恩仇不可太明，明则人起携贰之志。

【译文】

长官对部属的功劳和过失不可模糊不清，如果功过不明就会使部属心灰意懒而不肯努力；对于恩惠和仇恨不可表现得太鲜明，如果恩仇鲜明就容易使部属产生疑心而发生背叛。

【赏析】

功过分明，是非清楚，是一个成功的领导者对待自己部下应有的态度。只有功过分明，才能奖罚分明；只有是非清楚，才能鼓舞正气、消灭邪气。但是对于恩仇却不能以牙还牙，以眼还眼，万事不可做绝，只有妥善安置、宽大为怀才是正招，以免埋下祸根。

阴恶祸深　阳善功小

【原文】

恶忌阴，善忌阳。故恶之显者祸浅，而隐者祸深；善之显者功小，而隐者功大。

【译文】

一个人做了坏事最怕的是不容易被人发觉，做了好事最忌讳的是自己宣扬出去。所以做坏事如果能侥幸及早被人发现，那灾祸就会小，反之如果不容易被人发现，那灾祸就会大；如果一个人做了好事而自己宣扬出去，那功劳就会小，只有在暗中默默行善，功劳才会大。

【赏析】

一个人在众目睽睽之下做坏事，很容易被发现，也会很快受到惩罚，只有那些心怀阴谋诡计而表面上却装成圣人君子的人，才是最可怕的、最难防的。所谓“暗箭难防”就是这个意思。做好事也是这样，公开利用行善来沽名钓誉，是一种伪善的行为，只有不图名利默默行善的人，所积的功德才最可贵。

应以德御才　勿恃才败德

【原文】

德者才之主，才者德之奴。有才无德，如家无主而奴用事矣，几何不魍魉猖狂？

【译文】

一个人的品行是才学的主人，而才学不过是品德的奴隶。所以，一个人如果只有才学而没有修养，就好像一个家庭没有主人而由奴隶当家，这样一来，岂有不使鬼怪肆虐之理？

【赏析】

有人说：“德胜才是君子，才胜德是小人。”德才兼备是对圣人的要求，同时也是对普通人的要求，有德的人一般来说也会具备一定的才能，但有才能的人就不一定具有个人修养。在生活中，有德无才的人难以成就大事，而有才无德的人却易行不义之事，所以有才还要以有德为基础，否则祸害无穷。

穷寇勿追　投鼠忌器

【原文】

锄奸杜倖，要放他一条去路，若使之一无所容，譬如塞鼠穴者，一切去路都塞尽，则一切好物俱咬破矣。

【译文】

要想铲除邪恶之徒，杜绝投机取巧、走后门的小人，有时也要斟酌实情给他们留一条改过自新的途径。反之，如果逼得他们走投无路、毫无立足之地，那就等于为了消灭一个老鼠而堵死一切鼠洞，固然把老鼠的一切逃路都堵死了，可是一切好东西却也都被老鼠咬坏了。

【赏析】

困兽犹斗，因为它会为争取丝毫生存的希望而拼命挣扎。因此，做事做人不能走极端，对待犯有错误的人尤其如此，应尽量避免一棍子打死，多留一份宽容之心，给人一次改过的机会，从而也就给了一条新的出路，也是行善的一种方式，宽大为怀，与人为善，从而达到治病救人的目的。

过归己任　功让他人

【原文】

当与人同过，不当与人同功，同功则相忌；可与人共患难，不可与人共安乐，安乐则相仇。

【译文】

要有跟人共同承担过失的雅量，不可有跟人共享功劳的念头，因为共享功劳，彼此就会互相猜忌；可以有跟人共患难的胸襟，不可以有跟人共安乐的贪心，因为共安乐，彼此之间就会互相仇视。

【赏析】

同甘共苦，同舟共济是人类的美好品德，也是一种理想的境界。然而做到这一点并不容易，古语有云："飞鸟尽，良弓藏；狡兔死，走狗烹。"中国历史上汉高祖刘邦、明太祖朱元璋大杀功臣的做法，给后人留下了深深的思考。而在现实生活中也存在着许多能共同享乐但不能共同患难的现象，富贵之时便是至交好友，一旦落难，便形同路人。人生在世，时光短暂，互相帮助、互相鼓励、共享生活才是最有意义的。

警世救人　功德无量

【原文】

士君子贫不能济物者，遇人痴迷处，出一言提醒之；遇人急难处，出一言解救之，亦是无量功德。

【译文】

一个有才学有品德的读书人，虽因家贫而不能以财物救助他人，可当别人遇到困难之事迷惑不解时，如能从旁指点，使之有所领悟，或者遇到别人发生危急之事时，如能从旁说句公道话，使得解救，也算是一种很大的善行了。

【赏析】

助人为乐，不一定是物质和行为，精神的帮助也很重要，痛苦伤心时的安慰，蒙受不白之冤的信任都是精神上的甘露，尤其是在一个人灰心丧气的时候，最需要鼓励和理解。所以哪怕自己物质上不富有，只要精神是富有的，仍然可以播种爱心，积下无限的功德。

趋炎附势　人情之常

【原文】

饥则附，饱则飏，燠则趋，寒则弃，人情通患也。

【译文】

穷困饥饿时就投靠人家，吃饱了就远走高飞，遇到有钱的就去巴结，看见贫困的亲友就鄙弃不顾，这就是一般人所容易犯的通病。

【赏析】

常言说："富在深山有远亲，贫在闹市无人问。"这句话反映了世态的炎凉、人情的冷暖。社会上，功利心之人颇多，这些人以权势、地位、财富来评定人，嫌贫爱富，趋炎附势，非常令人厌恶。

量弘识高　功德日进

【原文】

德随量进，量由识长，故欲厚其德，不可不弘其量，欲弘其量，不可不大其识。

【译文】

一个人的品德、气度、经验三者不可分离。品德会随着气度的恢宏而增进，气度会随着经验的丰富而恢宏，因此要增进自己的品德，就不能不使自己的气度恢宏；要恢宏自己的气度，就不能不增进自己的生活经验。

【赏析】

见识、气量、品德是一个循序渐进的完善过程。见多识广，则看事愈客观；气量恢宏，则处世愈通达；道德高尚，则心境愈圣洁。只要拥有德、气、识三点，为人就能做到圆通浑厚，就能准确地判断是非，分辨善恶，也就可以做到无往而不胜了。

诸恶莫作　众善奉行

【原文】

反己者，触事皆成药石；尤人者，动念即是戈矛。一以辟众善之路，一以浚众恶之源，相去霄壤矣。

【译文】

一个经常自我反省的人，不论接触任何事物，都会变成自惕的良药；一个经常怨天尤人的人，他的思想一动，就是带来杀机的邪念。可见自我反省是通往行善的途径，而怨天尤人却是流于罪恶的渊薮，两者真有天壤之别。

【赏析】

人非圣贤，孰能无过，过而能改，善莫大焉，但有人错而不改，一错再错，不知反省，害人害己，此乃极恶之事。有错当自我反省，不可怨天尤人。能自我反省的人，犯了过错就会把它变成医治自身疾病的良药，而怨天尤人的人，犯了过错就会把它变成伤害别人的利器，两相比较，其结果就不言而喻了。

自然之妙　智巧不及

【原文】

鱼网之设，鸿则罹其中；螳螂之贪，雀又乘其后。机里藏机，变外生变，智巧何足恃哉！

【译文】

本来是一张为捕鱼而设的网，不料鸿雁竟落在其中；贪婪的螳螂一心想吃眼前的蝉，不料后面却有一只黄雀。可见天地万物实在奥妙，玄机中还藏有另外的玄机，变幻中又会发生另外的变幻，人类的智慧和计谋又怎么可以依恃呢？

【赏析】

玄机一事，不可琢磨，目之所及，未必是真，到手之物又成他人之美，平淡之中忽有奇迹出现。“有心栽花花不开，无心插柳柳成荫”，便让你体会到玄机的不可捉摸。再聪明的人，再狡猾的人，也比不过天地间的变化莫测呀！当然人在大自然面前并不是无能为力的，只有认识掌握事物的变化周期和发展规律，才能利用自然、改造自然。

一念动鬼神　一行动天地

【原文】

有一念而犯鬼神之禁，一言而伤天地之和，一事而酿子孙之祸者，最宜切戒。

【译文】

如果有一种观念可能触犯鬼神的禁忌，或者说一句话可能破坏人间的祥和之气，或者做一件事可能为后代子孙留下祸患，那么这都必须特别加以警惕和杜绝。

【赏析】

人当以“慎”字处事，以钦、敬、畏之心待事，要慎言、慎行，否则很容易祸从口出，一行败家。在中国古代社会中有很多有权有势的人家，就因为一言不慎遭到满门抄斩，一事不慎而身败名裂。在现实生活中也要处处注意行善积德，与人友好相处，不做伤天害理之事，不赚不仁不义之财，不使自己陷于众怒和法网之中，这才是生活中成功的艺术。

不能养德　终归末节

【原文】

节义傲青云，文章高白雪，若不以德性陶熔之，终为血气之私、技能之末。

【译文】

气节和正义足可鄙视达官贵人，生动的文章足可胜过“阳春”“白雪”，然而如果不用高深的道德来陶冶，气节和正义不过是一时的意气用事或感情冲动，生动的文章也无非是微不足道的雕虫小技。

【赏析】

古人认为，道德为主，功业为辅。因为一个人的行为只有经得起道德的检验，才能成为高尚的行为；一个人的学问只有有了道德的配合，才能成为高深的学问；一个人的才能只有在道德的引导下，才能成为智慧。

急流勇退　与世无争

【原文】

谢事，当谢于正盛之时；居身，宜居于独后之地。

【译文】

要想退隐家园不问世事，应在事业的鼎盛时期急流勇退，只有这样才能名垂青史；居家度日，最好住在一个与世无争的清静之地，只有这样才能收到修身养性的效果。

【赏析】

江山代有才人出，各领风骚数百年。后来居上，后浪推前浪乃是规律，所以人要懂得急流勇退，让贤于后人。引退之后，就要忘掉以前的荣耀，潜心修身养性，安度晚年时光。

慎德于小事　施恩于无缘

【原文】

谨德，须谨于至微之事；施恩，务施于不报之人。

【译文】

要想敦品励行，须从小事做起；要帮助别人，应该帮助那些无法回报的人。

【赏析】

施恩行善要不拘大小，不求回报，不能沽名钓誉，要心存真善之念，急人之所急。如果只想博得行善的名声，而不考虑行善的对象，这是一种不负责任的行为，是一种伪善的行为。这样做与其说是积德，还不如说是种祸，所以行善一定要落在实处，使它起到应有的作用。

文华宜简素　读今应述古

【原文】

交市人，不如友山翁；谒朱门，不如亲白屋；听街谈巷语，不如闻樵歌牧咏；谈今人失德过举，不如述古人嘉言懿行。

【译文】

与其结交一个市井之人，不如结交一个山野之翁，与其巴结富户豪门，不如亲近布衣百姓；与其谈论街头巷尾的是非，不如去听樵夫牧人的歌咏；与其批评时人的错误过失，不如传述圣贤的格言善行。

【赏析】

一个人的兴趣爱好，决定了他的品位，喜欢高雅之趣还是庸俗之乐，决定人本身是雅人还是俗人，一个人朋友的层次也决定人的层次，交友是市侩小人，还是隐士高人，证明他自己向往洁净的天性还是俗世的功利。说话也决定了一个人心灵的清浊。闲谈今人的是非短长会让自己迷失生活的方向，讲述古人的美言善行，可以让自己的心灵得到洗涤。

修身种德　事业之基

【原文】

德者事业之基，未有基不固而栋宇坚久者。

【译文】

高尚品德是一个人一生事业的基础，这就如同兴建高楼大厦，如不事先把地基打得稳固，就不能建起坚实耐久的建筑。

【赏析】

有品德的学问，才是真正的学问。大学问家往往修养很高，没有道德为基础，有如空中楼阁。所以一个人要想取得成功，品德是基础，才能是关键，只有两者相辅相成，才会相得益彰。

勿妄自菲薄　勿自夸自傲

【原文】

前人云："抛却自家无尽藏，沿门持钵效贫儿。"又云："暴富贫儿休说梦，谁家灶里火无烟？"一箴自昧所有，一箴自夸所有，可为学问切戒。

【译文】

从前的人说："放弃自己家中大量财富，模仿穷人拿碗沿街乞讨。"又说："一个突然暴富的穷人，不要夸耀自己的财富，因为哪家的炉灶不冒烟呢？"这两句谚语，一句是用来忠告那些不识自己德行的人，一句是用来忠告那些夸耀自己财富的人。这些都是做学问的人必须戒除的。

【赏析】

生活中那些只羡慕别人，望洋兴叹，却不知自己努力的人和那些只知道妄自尊大、自吹自擂、鼠目寸光的人，都没有把自己放在正确的位置上来衡量，所以才不能正确把握自己。人生如战场，只有知己知彼，才能百战百胜。

春风育物　朔雪杀生

【原文】

念头宽厚的，如春风煦育，万物遭之而生；念头忌刻的，如朔雪阴凝，万物遭之而死。

【译文】

一个胸襟宽宏忠厚的人，好比和煦温暖的春风，能给万物带来生机；一个胸襟狭隘刻薄的人，好比阴冷凝固的霜雪，能给万物带来杀气。

【赏析】

待人以宽，如给人春风雨露，人人皆喜与之交往。相反，为人苛刻的人，就像浑身长满了刺一样，处处伤人，令人避之唯恐不及。在当代社会里，这种人已很难立足，常常是过街的老鼠，人人喊打。

善根暗长　恶损潜消

【原文】

为善不见其益，如草里冬瓜，自应暗长；为恶不见其损，如庭前春雪，当必潜消。

【译文】

一个做好事的人，虽然表面上看不出益处，但是善人就像草丛中的冬瓜，会自然在暗中一天天长大；一个做坏事的人，虽然表面上看不出坏处，但是恶人就像春天院子里的积雪，阳光一照自然就会消失。

【赏析】

行善不求报，终会有报，为恶求心安，心终难安。所谓善有善因，恶有恶果，劝世人为长远打算还应积德行善。如今社会上流传着这样一种观点：饿死胆小的，胀死胆大的，发财要黑心，升官要厚脸，并美其名曰“厚黑学”。其实这样做的人常常感到四面楚歌、草木皆兵，坏事即使没有暴露，他的心中也无法踏实，整天提心吊胆，忍受自我折磨。只有平日不做亏心事，才能半夜不怕鬼叫门。

学贵有恒　道在悟真

【原文】

凭意兴作为者，随作则随止，岂是不退之轮？从情识解悟者，有悟则有迷，终非常明之灯。

【译文】

一个凭一时冲动做事的人，等到热度一过事情也就跟着停顿下来，这哪里是长久奋发向上的做法呢？一个从情感出发领悟真理的人，有时领悟也会被感情所迷惑，这也不是永久光亮的灵智之灯。

【赏析】

做事要随兴而作，靠三分钟热度维持，做任何事情都不会成功，其实任何困难，只要坚持攻克，越往后就会越顺利。所以无论做任何事情，都要持之以恒，尤其是年轻人要特别注意克服三分钟热情的毛病，锻炼自己的意志力。丰富的知识、高深的学问也不是一朝一夕、心血来潮所获得的，只有通过长期不懈的努力，持之以恒的追求，才能有重大的突破。

律己宜严　待人宜宽

【原文】

人之过误宜恕，而在己则不可恕；己之困辱宜忍，而在人则不可忍。

【译文】

别人的过失和错误应该多加宽恕，可是自己的过失和错误却不可以宽恕；自己受屈辱应该尽量忍受，可是别人受屈辱就要设法替他消解。

【赏析】

孔子说："己所不欲，勿施于人。"我们要以恕己之心恕人，责人之心责己。在日常生活中，只有原谅他人的过失，才能得到他人的原谅，只有严格要求自己，才能少犯过失，减少失误。因此遇事要将心比心，尽量去理解别人，这样才会获得一个良好的人际环境。

心虚意净　明心见性

【原文】

心虚则性现，不息心而求见性，如拨波觅月；意净则清，不了意而求明心，如索镜增尘。

【译文】

只有内心了无杂念，人的本性才会显现，如果不使心神宁静而想发现本性，那就像拨波来找水中之月一样；只有意念清明，心情才会开朗，如果不清除烦恼而想心情开朗，那就等于要在落满灰尘的镜子前面照出自己的影子一样。

【赏析】

心虚意净是为了在大彻大悟中发现本性，还我本来面目。人性藏于心，非目之所及，只有入群之时，用心感悟，方能体味出来。如果心中充满善恶、爱憎、是非等意念，本性就显现不出来了。

人情冷暖　世态炎凉

【原文】

我贵而人奉之，奉此峨冠大带也；我贱而人侮之，侮此布衣草履也。然则原非奉我，我胡为喜？原非侮我，我胡为怒？

【译文】

有权有势，人们就奉承我，这是奉承我的官职和地位；贫穷低贱，人们就轻蔑我，这是轻蔑我的布衣和草鞋。可见根本不是奉承我，我为什么要高兴呢？根本不是轻蔑我，我为什么要生气呢？

【赏析】

盛极而衰，盛时宾客盈门，衰时门可罗雀。世事无常，福祸难料，世态炎凉，自古如是，何苦为名利荣辱耗尽精力，名利本就是身外物，辛劳苦求空费力。如果自己陷于名利场中不能自拔，以为名利非我莫属，那么期望越高，失望也就越大。

慈悲之心　生生之机

【原文】

"为鼠常留饭，怜蛾不点灯。"古人此等念头，是吾人一点生生之机。无此，便所谓土木形骸而已。

【译文】

"为了不让老鼠饿死，常留一点剩饭；为了不让飞蛾烧死，夜晚不点灯火。"古人这种慈悲心肠，就是人类繁衍不息的生机，如果没有这点不绝的生机，人就变成没有灵魂的躯壳，和树木、泥土没有什么区别了。

【赏析】

为老鼠留饭，为飞蛾灭灯，为人之善，可见一斑，佛云：众生平等。动物也有生命，何忍看其饥亡，怜惜动物，乃人性恻隐之心使然，人之初，性本善。但有些宣扬“厚黑学”之人，教以恶诱导人，到头来，毁灭的终究是自己。

明利害之情　忘利害之虑

【原文】

议事者，身在事外，宜悉利害之情；任事者，身居事中，当忘利害之虑。

【译文】

评论事情的人，置身事外，就应了解事情的始末而评出真正的是非；处理事情的人，置身事情之中，就应忘怀个人利益而专心策划一切。

【赏析】

评论人要客观，不能带有主观情绪，不能针对某人，要针对事情本身，这样才能站在客观公正的立场上发表意见。在担任某项工作时，也不能计较别人对自己的评价，只有忘掉这些，才能专心致志地完成自己承担的工作。

操持严明　守正不阿

【原文】

士君子处权门要路，操履要严明，心气要和易，毋少随而近腥膻之党，亦毋过激而犯蜂虿之毒。

【译文】

一个有才德的读书人身居重要地位时，操守要严谨方正，行为要光明磊落，心境要平和稳健，气度要宽宏大量，不应接近或附和营私舞弊的奸党，但也不要过分偏激而触怒阴险狠毒的小人。

【赏析】

一个人不管处于什么地位，操守品德是十分重要的，要保证自己纯洁善良的本性，不同流合污，又不能太刚硬而触犯小人，这样才能让自己立于不败之地。

浑然和气　处事珍宝

【原文】

标节义者，必以节义受谤；榜道学者，常因道学招尤。故君子不近恶事，亦不立善名，只浑然和气，才是居身之珍。

【译文】

一个标榜节义的人，到头来必为节义而受人毁谤；一个标榜道学的人，经常因道学而招人抨击。因此一个正人君子，平日既不接近坏人坏事，也不标新立异建立名声，只是保持纯朴、和蔼的气度，才是立身处世的法宝。

【赏析】

做人做事务求保持真性情，不能矫揉造作，曲意逢迎，利欲熏心，要保持完美人格，健康心态，才能成就自己的美丽人生。

和气致祥瑞　洁白留清名

【原文】

一念慈祥，可以酝酿两间和气；寸心洁白，可以昭垂百代清芬。

【译文】

一念之慈祥，就可创造人际之间的和平之气；寸心之纯洁，就可使美名流传千古而不朽。

【赏析】

好的名声来源于心灵的纯洁，只有拥有圣洁之心，才不会以名利为意，才会默默奉献而不求回报。这样的无名英雄平凡而伟大，做人应向这些人学习，才能万古常新。

庸德庸行　和平之基

【原文】

阴谋怪习，异行奇能，俱是涉世祸胎。只有一个庸德庸行，便可以完混沌而召和平。

【译文】

阴谋诡计，怪异言行，都是招致灾祸的根源。只有那种平庸的德性、寻常的言行，才是合乎自然而致祥和的法宝。

【赏析】

不同的人有不同的追求，不同的追求造成不同的人生，有的无心功名，甘为农夫，也有的志在乾坤，必要轰轰烈烈一番才罢休。不过话又说过来，过上了轰轰烈烈日子的人，容易干出一番事业来，但也容易遭受挫折，时间一长，他又开始想念田园生活了，因为田园生活虽然平平淡淡，却让人心灵安静，和平安康，反之，富贵的生活就像空中楼阁，总觉得不会长久。

坚忍不拔　百炼成钢

【原文】

语云："登山耐侧路，踏雪耐危桥。"一"耐"字极有意味，如倾险之人情，坎坷之世道，若不得一耐字撑持过去，几何不堕入榛莽坑堑哉？

【译文】

俗语说："爬山要耐得斜坡上的险径，踏雪要有胆踏过危险的桥梁。"可见这一个"耐"字具有深长的意义，险诈奸邪的世间人情，坎坷不平的人生道路，如果没有这一个"耐"字支撑下去，又有几人不坠入杂草丛生的沟壑呢？

【赏析】

天将降大任于斯人也，必先苦其心志，劳其筋骨，一个人只有经历磨难的考验，才能成就大事。自古英雄皆寂寞，在失意之时，要能耐得住困窘，也要经得起寂寞孤独的考验。只有能耐得住艰苦的人才能成就大的事业，只有耐得住冷板凳的人才能做出高深的学问，由此可见，任何成功的取得都离不开对各种困境的忍耐坚持。

心体莹然　不失本真

【原文】

夸逞功业，炫耀文章，皆是靠外物做人。不知心体莹然，本来不失，即无寸功只字，亦自有堂堂正正做人处。

【译文】

夸张自己的丰功伟业，炫耀自己的美妙文章，这都是靠外物增加自身光彩以博取他人赞誉。岂不知人人内心都有一块洁白晶莹的美玉，所以只要不失纯朴善良的本性，即使一生没留半点功业，没留片言只字，也是一个顶天立地光明正大的人。

【赏析】

做事先做人，修身先修德，若想建功立业，必先要有高深的修养，为什么古圣先贤，帝王将相能名垂千古，流芳百世，因为他们品德高尚，即使梁冀、王莽之辈，作为个人而言，也把修养提到了一定程度。他们的功业是历史上不可缺少的一环，是个人心志抒发的结果，并不是他们沽名钓誉的结果。

忙里偷闲　闹中取静

【原文】

忙里要偷闲，须先向闲时讨个把柄；闹中要取静，须先从静处立个主宰。不然，未有不因境而迁、随事而靡者。

【译文】

即使忙碌也要抽出一点空闲时间，以便让身心获得一下舒展，而且必须在无事时养成这种习惯；即使喧闹也要保持一点清静气氛，以便让头脑能够获得一点清醒，就须在平静时把事情策划好。如果平时没有养成这种习惯，就会境况一变主意也变，一遇事情即发生混乱。

【赏析】

忙里偷闲，要颐养身心；工作再忙，也不能让自己过分疲劳。身体长期处于疲劳的亚健康状态，不但对身体不利，工作也容易出错，要合理利用时间，做到劳逸结合。

立命为民　造福子孙

【原文】

不昧己心，不尽人情，不竭物力，三者可以为天地立心，为生民立命，为子孙造福。

【译文】

不蒙蔽自己的良心，不做绝情绝义的事情，不过分浪费财力物力，能做到这三件事，就可以为世间树立善良的心性，为万民确立美好的命运，为后代创造永恒的幸福

【赏析】

做人要保持三个原则：有良心，尽人情，节用度。如此，才能为天地立心，为百姓立命，不但能增强自己的修养，也能影响后代子孙。

为官公廉　居家恕俭

【原文】

居官有二语，曰“唯公则生明，唯廉则生威”。居家有二语，曰“唯恕则情平，唯俭则用足”。

【译文】

做官有两句必须遵守的箴言，这就是“态度公正无私才能产生明确判断，行为清白廉洁才能使人敬服”；治家有两句必须遵守的箴言，这就是“多替别人设想，心情自然平和；生活节俭朴素，家用自然充足”。

【赏析】

古代的官府大堂上往往悬挂“明镜高悬”“明察秋毫”“光明正大”之类的横额，这里面包含的公正廉明内容，一方面是百姓的殷切希望，另一方面也是为官所奉行的准则。事实上只有为官者本人以身作则，才能真正做到清正廉明。宋代的包公、明代的海瑞之所以能够深受百姓的怀念，千古流芳，正是因为他们公正无私、正直清廉。治家以公正祥和为贵，以勤俭持家为要，曾文正公是治家之典范，他在家书里经常劝子弟，不要有骄心，要努力，还要万事节俭，当代家长对独生子女过于娇宠，很少能做到这样。

处富知贫　居安思危

【原文】

处富贵之地，要知贫贱的痛痒；当少壮之时，须念衰老的辛酸。

【译文】

身居富贵荣华之位，要了解贫贱之家的疾苦；正当身强力壮之时，要想到年老体衰的悲痛。

【赏析】

中国的很多古语，如“晴带雨伞，饱带饥粮”“生于忧患，死于安乐”等等，都是告诫人们：人有贫穷的时候，也有发达的时候，苦时应多想甜，以便有奋斗的动力，甜时要多思苦，以防忘掉自己的根本。同时，在年轻的时候，要多创造，多积蓄，为老年的生活打下基础。只有不断的思求进步，才能事业成功，如果一味只知享受，就离灭亡不远了。

清浊并包　善恶兼容

【原文】

持身不可太皎洁，一切污辱垢秽要茹纳得；与人不可太分明，一切善恶贤愚要包容得。

【译文】

立身处世不可过于自命清高，对于羞辱、委屈、毁谤、栽赃都要容忍才行；与人相处不可过于界限分明，好人、坏人、智者、愚者都要包容才行。

【赏析】

有副对联写的是：“大肚能容，容尽天下难容之事；笑口常开，笑尽天下可笑之人。”秦朝丞相李斯也曾说过：“泰山不让土壤，故能成其大；江海不择细流，故能就其深；王者不却众庶，故能明其德。”为人处世应该有自己的原则，该坚持的不能让步，该恪守的不要通融，有些不太高尚的事情，自己可以不去做，但别人如果做了要能容忍，不必予以计较，也就是说，在非原则的事情上，不能过分刻板教条，要有包容之心，要有宽恕之德。因为这样，不仅给了他人改过的机会，也给了他们再次为社会做贡献的可能。

勿仇小人　勿媚君子

【原文】

休与小人仇雠，小人自有对头；休向君子谄媚，君子原无私惠。

【译文】

不要跟行为恶劣的小人结仇，因为小人自然有人与他为敌；不要对正人君子献殷勤，因为君子不为私情而予人恩惠。

【赏析】

“恶人自有恶人磨，好人总有好心报。”小人的所作所为，常常令人切齿痛恨，但是没有必要与他结成仇怨，因为多行不义必自毙，相信坏人定会自食恶果。另外，对待君子的态度，也要掌握分寸，敬重君子是理所当然的，但也没必要低声下气，逢迎谄媚，这样做不仅降低了人格，损坏了形象，也是对君子的不尊重，弄巧成拙，得不偿失。所以做人的原则应当是不卑不亢！

宁为小人毁　勿为君子容

【原文】

宁为小人所忌毁，毋为小人所媚悦；宁为君子所责备，毋为君子所包容。

【译文】

宁可遭受小人的猜忌和毁谤，也不要被小人的阿谀所迷惑；宁可遭受君子的责难和训斥，也不要被君子的雅量所包容。

【赏析】

“三军可以夺其帅也，士不可以夺其志也。”才能天赋有大小之分，但节操却没有高低之说，一切都在于自己的修炼。这从他人对待自己的态度中也可以看出一二，因为小人津津乐道的常常是丑言恶行，小人诋毁攻击的常常是美言善行。

与此相反，君子的态度，倒正可以作为一面镜子，君子所赞赏的，可以高兴，君子所责备的，更是提高自己的机会。

忘恩报怨　刻薄之尤

【原文】

受人之恩虽深不报，怨则浅亦报之；闻人之恶虽隐不疑，善则显亦疑之。此刻之极，薄之尤也，宜切忌之。

【译文】

受人恩惠很多很大也不设法报答，一旦有一点怨恨就千方百计报复；听到人家的坏事即使隐约也深信不疑，对于人家的好事再明显也不相信。这种人可以说刻薄冷酷之极，是做人应该加以戒绝的。

【赏析】

“好事不出门，坏事传千里。”普通人的心态就是这样的，正确的东西不能很快地接受，坏的东西反而很容易地相信，所以一个人接受别人的恩惠很多却不设法报答，而别人一旦得罪了自己，即使是睚眦小怨也不放过，非要马上报复才痛快。还有就是对别人的小过失深信不疑，津津乐道，甚至夸大其词，但对别人的大善行却不肯相信，予以怀疑。“滴水之恩，当涌泉相报”“隐恶扬善”都是教人纠正自我的好倡导。可是生活中偏偏有些心胸狭窄的人，不思报恩，只想报怨，相信坏事，怀疑好事，真是可悲可叹。

谗言如云　甘言如风

【原文】

谗夫毁士，如寸云蔽日，不久自明；媚子阿人，似隙风侵肌，不觉其损。

【译文】

恶言毁谤或诬陷他人的小人，就像云片遮住太阳，风吹云散，太阳自然重放光明；甜言蜜语或阿谀他人的小人，就像缝隙吹进邪风，侵入肌肤，使人在不知不觉中受到伤害。

【赏析】

“是金子总要放出光芒。”君子为恶语所伤，虽然会被诬陷于一时，但终不会长久，就像一片云彩遮住了太阳，但不能遮盖天下一样，只要云开雾散，一切都会重见光明，真相自然会显现。倒是一些阿谀奉承的好话，更应该提防，因为“软刀子杀人不觉其痛”，社会上有许多人正是在谄媚阿谀之中松懈了自己的警惕之心，最终受到了伤害。

老当益壮　大器晚成

【原文】

日既暮而犹烟霞绚烂，岁将晚而更橙桔芳馨。故末路晚年，君子更宜精神百倍。

【译文】

夕阳西下，天空晚霞灿烂夺目；深秋季节，金色柑橘吐露芳香。所以君子晚年更应振作精神，奋发有为。

【赏析】

衰老是人类不可抗拒的自然法则，这指的是生理方面，但心理的年龄却是事在人为，只要心还年轻，照样可以享受生活的乐趣。随着年龄的增长，对生活的理解更透彻，生活经验更丰富，所拥有的闲暇时间也愈渐增多，晚年的生活就会更加有意义。

藏才隐智　任重致远

【原文】

鹰立如睡，虎行似病，正是它攫人噬人手段处。故君子要聪明不露，才华不逞，才有肩鸿任钜的力量。

【译文】

老鹰站立好像打盹，老虎走路好像有病，这正是它们捉人吃人的手段。一个具有才德的君子，要做到不炫耀聪明，不显露才华，如此才能培养肩负重任的毅力。

【赏析】

在自然界中，许多动物都有自己的保护色。这样做，一方面是保护自己不被其他动物所伤害，另一方面是麻痹其他动物，寻找最佳的进攻机会。在人类社会中，保护自己同样是必须的，尤其是那些品学兼优的人，最容易受到小人的毁谤和打击，所以只有大智若愚，含而不露，才能避免一些不必要的伤害，胜任重大的责任。

喜忧安危　勿介于心

【原文】

毋忧拂意，毋喜快心，毋恃久安，毋惮初难。

【译文】

不要忧心于点滴的烦恼，不要快意于短暂的欢乐，不要依恃于长久的安稳，不要畏惧于事初的困难。

【赏析】

世事变化莫测，只有怀着坦然之心来对待生活中的大起大落，以变化的态度来迎接生活中的各种挑战，才能使自己的内心一如既往，才能使自己的事业蒸蒸日上。

乐极生悲　苦尽甘来

【原文】

世人以心肯处为乐，却被乐心引在苦处；达士以心拂处为乐，终为苦心换得乐来。

【译文】

普通之人，认为满足心愿就是一大快乐，然而常常被引诱到痛苦中；旷达之人，由于平日忍受各种横逆的折磨，终于在痛苦中换来真快乐。

【赏析】

艰苦的环境能磨炼人的意志，培养人不屈不挠的品质，从而培养了一个人成功必须的品质，致其最终功成名就。所谓的苦尽甜来，就是通过自身的努力战胜困难取得了胜利。不过在取得胜利后，更要保持清醒的头脑，戒骄戒躁，不然就会乐极生悲。

过满则溢　过刚则折

【原文】

居盈满者，如水之将溢未溢，切忌再加上一滴；处危急者，如木之将折未折，切忌再加一搦。

【译文】

生活在美满的环境中，就像装满了水的水缸，千万不能再加一滴，否则就会立刻流出来；生活在危急的环境中，就像快要折断的树木，千万不能再用力，否则就会立刻折断。

【赏析】

不满足是缺点也是优点，只看是在什么样的情形下。如果是对财富，对权势不满足的话，就会做金钱和权势的奴隶，由于永远不知满足就永远生活在痛苦中；如果是追求真理、追求学问的话，只有不满足，才能继续前进，因为学海无涯，所以学无止境。

冷静观人　理智处世

【原文】

冷眼观人，冷耳听语，冷情当感，冷心思理。

【译文】

用冷静的眼光观察人，用冷静的耳朵听言语，用冷静的心情处理事，用冷静的头脑思考道理。

【赏析】

不管是观人还是察己都讲究“冷静”二字。考察一个人的善恶、能力，不能仅凭感情，也不能只凭一时的印象，要不动声色地看他做什么、说什么，透过现象看本质，才能准确地认识一个人。认识自己比认识别人更困难，在夜深人静时，把自己的内心调整到平静如水的状态，来检查自己的言行，反省自己的行为，才能给自己下一个准确的结论，才能更好地处世。

量宽福厚　器小禄薄

【原文】

仁人心地宽舒，便福厚而庆长，事事成个宽舒气象；
鄙夫念头迫促，便禄薄而泽短，事事得个迫促规模。

【译文】

心地仁慈的人，胸怀宽阔舒畅，所以能享长久的福分，因此事事都显得宽宏畅达；心胸狭窄的人，由于眼光短浅，所以得到的是短暂的利禄，因此事事都显得紧迫仓促。

【赏析】

善于玩弄小聪明的人，由于他心机灵活，就容易斤斤计较，贪图眼前利益，也从不考虑他人的利益，这样的人是不会有好下场的。相反，一切随缘的人，由于他处事坦然，淡泊名利，不斤斤计较，因此能够广结善缘，从而一生也会生活的平安和幸福。

躁性偾事　和平徵福

【原文】

性躁心粗者一事无成，心和气平者百福自集。

【译文】

性情急躁、粗心大意的人，做什么事都不容易成功；性情温和、心绪平静的人，各种福分都会自然到来。

【赏析】

性情急躁的人没有耐心，常常急于求成，只追求数量，不注重质量；粗心大意的人没有责任心，做事不细心，常常敷衍了事，这两种致命的弱点决定了他们做任何事情都只能是失败。因此无论是学习还是工作，一定要做到心定、心静、心细，决不可三心二意、马马虎虎。

事上敬谨　待下宽仁

【原文】

大人不可不畏，畏大人则无放逸之心；小民亦不可不畏，畏小民则无豪横之名。

【译文】

对有道德名望的人，不可不抱敬畏的态度，因为敬畏有道德、有名望的人，就不会有放纵不羁的想法；对于平民百姓，也不可不抱有敬畏态度，因为敬畏平民百姓，就不会有强梁蛮横的恶名。

【赏析】

榜样的力量是无穷的，树立榜样的目的就是给人们一个衡量自己的标准，一个行为的准则，让人们比照它，来约束自己的行为。对有名望的人持恭敬有礼的态度，或者说仿效名人的言行，实际上这些“大人”就等同于今天的榜样，有了他就像在人们面前树立了一面镜子，丑恶的东西就不敢露面了。同样，对一般老百姓的意愿也要尊重，认真对待，如果不从民意，跋扈专横，就会失去深厚的群众基础。

处逆比于下　心怠思于上

【原文】

事稍拂逆，便思不如我的人，则怨尤自消；心稍怠荒，便思胜似我的人，则精神自奋。

【译文】

事业不顺而身处逆境时，就应想想那些不如自己的人，这样就不会怨天尤人了；事业如意而精神松懈时，就应想想那些比自己更强的人，这样就自然振奋起来。

【赏析】

任何事情都不是一帆风顺的，前进中总会遇到挫折。“比上不足，比下有余”是人类的一针安慰剂，但强调的是比下有余，所以心安理得。在这里我们强调的是，比上不足时，我们应该怎么办，是畏缩不前，还是赶上并超过它？如果你选择前者，你就会像逆水行舟，不进则退；如果你选择后者，你就是过河的卒子，拼命向前，无路可退。

不轻诺生嗔　不多事倦怠

【原文】

不可乘喜而轻诺，不可因醉而生嗔，不可乘快而多事，不可因倦而鲜终。

【译文】

不要在高兴时，不加考虑，随便对人许诺；不要在醉酒时，不加控制，随便乱发脾气；不要在得意时，不加检点，恣意惹是生非；不要在疲劳时，放任疏懒，做事有始无终。

【赏析】

有的人在得意忘形时往往不分青红皂白、有求必应，被那些投机取巧的人所利用；有的人常常借酒装疯，放纵自己的言行；有的人意气用事，无事生非、招惹麻烦；有的人因一时的懒惰而使事情半途而废。以上几点是我们大家常犯的毛病，在平时应引以为戒。

守口须密　防意须严

【原文】

口乃心之门，守口不密，泄尽真机；意乃心之足，防意不严，走尽邪路。

【译文】

嘴是心的门户，如果门户防守不严，心中机密就会全部泄露；意志是心的腿脚，如果意志不坚，就会摇摆不定走上邪路。

【赏析】

“病从口入，祸从口出。”这句话对我们来说永远都是立世名言，一时的言语不慎，可能导致家破人亡的惨剧，历史上这样的例子举不胜举。眼睛是心灵的窗户，嘴巴是心灵的大门，嘴巴不乱说，心中的想法就无人知晓，这样就达到了保护自己的目的。意识决定自己的行为，把握住自己的意识就能把握住自己的行为，所以平时要注意收敛意识，不能让它像脱缰的野马，以免使自己走向歪门邪道。

责人宜宽　责己宜苛

【原文】

责人者，原无过于有过之中，则情平；责己者，求有过于无过之内，则德进。

【译文】

对待别人要宽厚，当别人犯过错时，要像他没犯过错一样原谅他，这样才能使他心平气和地改正过错；要求自己要严格，应在自己无过错时，设法找出自己的过错，如此才能使自己德业进步。

【赏析】

“严以律己，宽以待人。”即对待别人的错误不仅要给人悔过自新的机会，还要帮助其减轻心中的压力，增强其改正错误的信心。对待自己则要时时反省，事事思过，发现错误立即改正，没有过错时也要小心谨慎，“君子日行三省乎己”说的就是这道理，只有这样才能防患于未然。

幼不学　不成器

【原文】

子弟者，大人之胚胎，秀才者，士夫之胚胎。此时若火力不到，陶铸不纯，他日涉世立朝，终难成个令器。

【译文】

小孩就是大人的雏形，学子就是官吏的雏形。假如在这个阶段磨炼不够，学业教养成绩不佳，那将来踏入社会做人做事，就很难成为一个有用之材。

【赏析】

“玉不琢不成器，人不学不知义。”幼年的教育是极重要的。小时候没有学到知识，长大后就没有谋生的本领，对国家来说更不是有用之材。所以做父母的，不但要把爱心放在孩子的生活中，更要把严心放在孩子的学习上，真正承担起做父母的责任，使他们在德智体各方面都能得到充分的发展。

浓夭淡久　大器晚成

【原文】

桃李虽艳，何如松苍柏翠之坚贞？梨杏虽甘，何如橙黄橘绿之馨冽？信乎！浓夭不及淡久，早秀不如晚成也。

【译文】

桃李的花朵虽然艳丽夺目，但怎比得上四季苍翠的松柏那样坚贞？梨杏的滋味虽然香甜甘美，但怎比得上橘橙经常飘散着清淡芬芳？是的，容易消逝的美色远不如清淡持久的芬芳，少年得志不如大器晚成。

【赏析】

桃李的美丽、梨杏的甘甜、松柏的常青、橙橘的芳香都是它们各自的特点，光开花不结果，是一种有缺憾的美，开花又结果，才算是最完美的结合。生活中的人与事也是如此，就拿人来说，青春是美丽的，但也是短暂的。一个人少年得意，如果得意之后再失意，得意便没有了意义，如果失意之后再得意，那么失意就有了意义。

静中见真境　淡中识本然

【原文】

风恬浪静中，见人生之真境；味淡声稀处，识心体之本然。

【译文】

一个人在宁静平淡的安定环境中，才能发现人生的真正境界；一个人在粗茶淡饭的清苦生活中，才能体会人性的本来面目。

【赏析】

恬静自然是人生的真趣，淡泊朴实是心体的本真。一切名利、是非、功过的存在，都是违背我们内心初衷的。无奈之下，只好进修自己的德业，努力保持淡泊宁静的心怀。

言者不顾行　谈者未必知

【原文】

谈山林之乐者，未必真得山林之趣；厌名利之谈者，未必尽忘名利之情。

【译文】

畅谈山野林泉生活之乐的人，未必就能真正领悟山林的乐趣；高论讨厌功名利禄的人，未必就能完全忘却对名利的贪恋。

【赏析】

现实生活中，有许多人嘴上说得头头是道，行动上可能是一筹莫展。常言道：“莫要常立志，要立长志。”嘴上经常下决心的人，其实他心里根本就没有决心；嘴上经常反对的，正是他心里想做的。以上种种人都是通过一种曲折的方式表达自己的意愿，这就叫“欲盖弥彰”。一个真正淡泊了名利的人，说与做已经融为一体，浑然天成了，根本用不着自己来表白什么。

景不在远　乐贵自然

【原文】

得趣不在多，盆池拳石间，烟霞俱足；会景不在远，蓬窗竹屋下，风月自赊。

【译文】

具有真正乐趣的休闲活动不在多，只要有一个小小池塘和几块奇岩怪石，山川景色就已齐全；领悟自然景色不必远求，只要在竹屋茅窗下坐临清风，身浴明月，心胸自然旷远辽阔。

【赏析】

事物的好坏、美丑往往不在于事物本身，而在观察者的心，贵在欣赏的人是否能够心领神会。精神的富有超过物质的享受，高雅的情调并不决定于财富的多少。所以享有生活情趣的人，一草一木也关情，没有生活乐趣的人，即使让他处在名山大川中，又怎能抒发出悠然雅趣，生发热爱大好河山的激情呢？

天地万物　皆是实相

【原文】

鸟语虫声，总是传心之诀；花英草色，无非见道之文。学者要天机清澈，胸次玲珑，触物皆有会心处。

【译文】

鸟的语言和虫的鸣声虽然听不懂，但都表达出它们的感情；花的艳丽和草的青葱固然能看到，但其中却蕴藏着大自然的奥妙。所以读书人必须灵智清明透澈，胸怀光明磊落，如此接触事物，才能豁然领悟。

【赏析】

“世事洞明皆学问，人情练达即文章。”对人类社会来说是如此，对自然界也是如此。大自然的变化本是澄净而清明的，只不过大多数人心中装的是名利欲望，对自然界所含的禅机认识不了。但对于有修养、有学问的人来说，心灵的纯净是悟道的关键，如此面对万物，才能一一彻悟大自然历历如绘的大道真理。

心无物欲　坐有琴书

【原文】

心无物欲，即是秋空霁海；坐有琴书，便成石室丹丘。

【译文】

一个人内心如不被物欲蒙蔽，就会像秋天的碧空和平静的大海那样开朗；一个人居处如有琴书消遣，就会像神仙一般逍遥自在。

【赏析】

心底无私天地宽，只有保持心灵这片净土，才能享受到生活的情趣。私欲堵在心中，犹如眼睛蒙上了灰尘，乌云遮住了太阳，又怎么看得到阳光洒遍人间？感受得到大自然的美好？了却尘境，澄然心空，抚琴弄月，对弈作画，如闲云野鹤，似行空仙人，岂不美哉？

极尽欢乐　曲终人散

【原文】

宾朋云集，剧饮淋漓，乐矣。俄而漏尽烛残，香销茗冷，不觉反成呕咽，令人索然无味。天下事率类此，奈何不早回头也？

【译文】

高朋满座，聚集一堂，痛饮狂欢，畅快之至，然而转眼之间夜静更深，炉中的檀香已经烧完，醇美的香茶已经冰冷，方觉刚才的豪饮现在反要呕吐，回想美酒佳肴更觉索然无味。世间万事万物，大多如此而已，何不及早回头，适可而止呢？

【赏析】

盛极必衰，物极必反。天下没有不散的宴席，短暂的相聚换来长久的别离，盛极一时的欢乐转瞬之间悲歌四起。月有阴晴圆缺，人有悲欢离合，此事古难全。明白了这一道理，又何必去刻意求得“盛极”“乐极”“物极”呢？

万象皆空幻　达人须达观

【原文】

山河大地已属微尘，而况尘中之尘？血肉之躯且归泡影，而况影外之影？非上上智，无了了心。

【译文】

就无限空间来说，山河大地只不过是小小尘埃，何况小小生物，和无边的宇宙相比真是小得可怜；就无限时间来说，我们的躯体只不过是短暂的泡沫，何况功名利禄，和无尽的时间相比真像过眼烟云。一个没有高深智慧的人，是无法彻悟这种道理的。

【赏析】

地球对于茫茫的宇宙而言，只是一粒尘埃，更何况生存于地球上如蝼蚁一般的人类，还有什么值得自以为是的呢？人的生命在时间的长河里只不过是一刹那间，就如五彩缤纷的肥皂泡，转眼间已无影无踪，还有什么必要去争权夺利呢？只有智慧高深的人，才明了个中机巧，才能笑看人间万事。

泡沫人生　何争名利

【原文】

石火光中争长竞短，几何光阴？蜗牛角上较雌论雄，许大世界？

【译文】

人生就像用铁器击石发出的火花一闪即逝，怎么能在这短暂的时光中去争名夺利呢？人类在宇宙中所占的空间就像蜗牛触角那么小，怎么能在这狭小的世界里去争强斗胜呢？

【赏析】

人生不过短短数十载光阴，与浩瀚无垠、永恒不灭的宇宙比起来，也许还不如一粒尘土，又有什么好争好抢的呢？即使争来了又有何用？抢来了又有何益？为什么不充分利用自己有限的生命去做一些有意义的事情呢？

得好便休　否则无休

【原文】

人肯当下休，便当下了。若要寻个歇处，则婚嫁虽完，事亦不少；僧道虽好，心亦不了。前人云："如今去便休云，若觅了时无了时。"见之卓矣。

【译文】

人不论做什么事，到应罢手时，就应下定决心结束。假如犹疑不决想找个时机，那就像男女结婚虽然完成了终身大事，但以后家务问题还很多；别以为和尚道士好当，其实他们的七情六欲也未必全除。古人说得好："现在能罢休就赶紧罢休，如果说找个机会罢休，就永远没有罢休的时候。"这真是一个真知灼见。

【赏析】

“当断不断，反受其乱。”做人做事绝不可犹豫不决，英雄气短，儿女情长，如果办事拖泥带水，那么人生的烦恼就会永不休止。所以，喜名的人要做到急流勇退，好利的人要做到见好就收，平民百姓要做到知足常乐。

冷静观世事　忙中去偷闲

【原文】

从冷视热，然后知热处之奔驰无益；从冗入闲，然后觉闲中之滋味最长。

【译文】

当一个人从名利场中退出来以后，再冷眼旁观那些热衷于名利的人，才发现在名利场中奔波劳碌的生活毫无意义；当一个人从忙碌不堪的环境中，抽身回到悠闲的环境中，才会发现安逸悠闲中的生活滋味最悠长。

【赏析】

生活的经验来自于生活的教训，只有历经生活艰辛的人，才明白人间百态；只有在名利场中沉浮过后，才能懂得名利的虚幻和无聊。任何事物都有正反两个方面，只有将相反的两个方面进行比较才能分出优劣，才能体会到其中的真谛，并学会安排生活。

恬淡适己　身心自在

【原文】

竞逐听人，而不嫌尽醉；恬淡适己，而不夸独醒。此释氏所谓“不为法缠，不为空缠，身心两自在”者。

【译文】

别人争名夺利与我无关，我也不必因为别人的醉心名利而疏远之；恬静淡泊是为了适就自己的个性，因此也不必向别人夸耀“世人皆醉我独醒”。这就是佛家所说“既不被物欲所蒙蔽，也不被空寂所困扰，能做到这些就能使心性悠然自得”。

【赏析】

清高与智慧是不能用来标榜的。如果为了标榜清高而清高，为了标榜智慧而使用心计，那么再清高的人也变成庸俗了，再聪明的人也变成愚蠢了。

栽花种竹　心境无我

【原文】

损之又损，栽花种竹，尽交还乌有先生；忘无可忘，焚香煮茗，总不问白衣童子。

【译文】

对于物欲要减少到最低限度，种些花竹培养生活情趣，把一切世间烦恼抛到九霄云外；当脑海了无烦恼而呈真空状态以后，面对佛坛烧香，手提水壶烹茶，自然就会进入忘我的神仙境界。

【赏析】

不以物喜，不以己悲，才能达到圣人的境界，整日耽于事物，既盲目又辛苦。于是点拨大家要注重修身养性，进入一种物我两忘的境界，才能轻松快乐。事实上真正的忘我境界，不能光看形式，要看本质。

守正安分　远祸之道

【原文】

趋炎附势之祸，甚惨亦甚速；栖恬守逸之味，最淡亦最长。

【译文】

依附权势的人固能得到一些好处，但是为此而招来的祸患也最惨最快；能安贫乐道栖守独立人格的人固然寂寞，但是因此而得到的平安也最久最长。

【赏析】

“宁静以致远，淡泊以明志。”这是一句意义深长的座右铭。历史上有多少趋炎附势，贪图一时荣华富贵的人作威作福，然而转眼间家破人亡，这样的例子不胜枚举，只有自己知足，不求名利，才能安闲而快乐。

存道心　消幻业

【原文】

色欲火炽，而一念及病时，便兴似寒灰；名利饴甘，而一想到死地，便味如嚼蜡。故人常忧死虑病，亦可省幻业而长道心。

【译文】

当性欲烈火般燃烧时，只要想一想生病的痛苦情形，欲火立刻变成一堆冷灰；当功名利禄蜂蜜般甘美时，只要想一想走向死地的情景，名利就会味同嚼蜡。所以一个人要经常想到疾病和死亡，才可以消除罪恶之念而增长德业之心。

【赏析】

“人无远虑，必有近忧”意思是说在任何时候都要三思而行，以备出现无穷的后患。在这里哲人提出了自己的名利观、性欲观；福乃祸所倚，人生鼎盛时期要想到衰败，欲望正盛时，要想到疾病。这是做人的良好美德，正与古语所云“晴带雨伞，饱带饥粮”一样包含着深刻的辩证思想。

退后一步　宽平一步

【原文】

争先的径路窄，退后一步，自宽平一步；浓艳的滋味短，清淡一分，自悠长一分。

【译文】

与人争强好胜，路就觉得很窄，如能退后一步让人先行，自然觉得路宽许多；太过浓艳之味，最易使人生腻，如能清淡一分，自然觉得滋味弥长。

【赏析】

忍让退步祸自消，在理可让处，不妨大气度，"得饶人处且饶人"。同理，高潮过后必平淡，由清淡到浓情，是步步在高升，由浓情到平淡，是步步在后退，所以情到浓时三分度，留下余韵更悠长。

修养定静　临变不乱

【原文】

忙外不乱性，须闲处心神养得清；死时不动心，须生时事物看得破。

【译文】

要想在事物纷忙时保持冷静而不至心慌意乱，必须在平时培养清晰敏捷的头脑；要想面对死亡也不畏惧，必须在平日对人生有所彻悟。

【赏析】

以心养志，不乱性情。心性保持冷静，自是忙中不乱，有条不紊。若是再进一层，即使是死亡的考验，也看得破，还有何事能动其心性，古代一位名人曾经劝家人云："万里长城今犹在，不见当年秦始皇"，因此平时树立正确的人生观、耿直的正义感以及良好的品性，才能临危不惧，遇事不慌，镇定自若。

居安思危　处进思退

【原文】

进步处便思退步，庶免触藩之祸；着手时先图放手，才脱骑虎之危。

【译文】

当事业顺利进展时，就应早有抽身隐退的准备，以免后来像羊角触篱一般进退不得；当刚开始做一件事时，就要预先策划在什么情况之下罢手，才不至于骑虎难下而招致危险。

【赏析】

“上树容易下树难”，也是提醒人们，得手易脱身难，做事是为了成事，不可一味冒进，也不可犹犹豫豫，应当知进知退，有张有弛，居安思危，处进思退，做事如果不考虑退路，是自掘陷阱，得一时之利，成万古之祸，就会给人留下羊儿触藩，骑虎难下的笑柄。故人在开始时，须有一手了结的本领，正如下棋人所说的“看棋须得看三步”，方才能运用手段，施展威力。

知足常乐　虽贫亦富

【原文】

贪得者分金恨不得玉，封公怨不授侯，权豪自甘乞丐；知足者藜羹旨于膏粱，布袍暖于狐貉，编民不让王公。

【译文】

一个贪得无厌的人，给金银还怨恨不得珠玉，封公爵还怨恨没封侯爵，这种人虽然身居富贵之位却等于自愿沦为乞丐；一个自知满足的人，即使吃野菜也比吃山珍海味还香甜，即使穿布袍也比狐袄貂裘还温暖，这种人虽然身居平民，地位却比王公更为高贵。

【赏析】

给贪者以金，他却还想得玉，封其以公，居然还想得侯，最终自取其祸，历史上这样的例子不胜枚举。可见贪婪之人没有满足的时候，最终被外物所累，知足者一得自喜，不亦乐乎。“进得京城嫌官小，到得外国嫌钱少”不也是世态的写照么！得寸进尺，得陇望蜀，世上不知满足的，大有人在，有人为了得到某种利益、荣耀，往往不择手段，丑态百出，倒不如知足的人常保一种优雅脱俗的风度。

得道无牵系　静躁两无关

【原文】

孤云出岫，去留一无所系；朗镜悬空，静躁两不相干。

【译文】

一片浮云从山中升起，毫无牵挂地飞向遥远的天际；皎洁的明月像一面镜子挂在天空，人间的宁静或喧嚣都与之毫无关联。

【赏析】

能做闲云和悬月一样自由的人，很难也很不简单。法国启蒙思想家卢梭曾经说过："人出生时虽然自由，但不久即遭约束。"人一来到这个世上就被套上了种种罗网，各种关系就套到身上了，亲情、友情、爱情、人情，像一张网约束着每个人。所以追求自由，就成为一件困难的事，而要想获得自由必须全身心地投入。

动静合宜　出入无碍

【原文】

水流而石无声，得处喧见寂之趣；山高而云不碍，悟出有入无之机。

【译文】

河水虽然流动，但岸边却听不到水流的声音，反能发现闹中取静的真趣；山峰虽然很高，却不妨碍白云的浮动，可使人悟出进入无我的玄机。

【赏析】

利害得失，离合聚散，心态不一样，感悟就不一样。能够抱持一物中也可见佛的态度的话，人生就会变得很美妙，就像听水声悟出寂静的趣味，观云雾悟出无我的玄机一样。

躁极则昏　静极则明

【原文】

时当喧杂，则平时所记忆者，皆漫然忘去；境在清宁，则夙昔所遗忘者，又恍然现前。可见静躁稍分，昏明顿异也。

【译文】

每当环境喧嚣、心情浮躁时，平日所记忆的事物就会忘得一干二净；每当环境安宁、心神平和时，以前所遗忘的事物又会忽然浮现在眼前。可见浮躁和宁静只有一点区分，灵智的昏暗和明朗就会迥然不同。

【赏析】

静和躁是我们情绪中两种不同的状态，这两种情绪给我们带来的效果明显不同。吵闹喧嚣，人的情绪就会受到干扰而浮躁；心情平静，人的情绪就会稳定，虑事周详。如果一个人能修炼到即使在喧闹中也能保持冷静的头脑的地步，做到“不以物喜，不以己悲”，才算是具备了取得成功的心理基础。

卧云弄月　绝俗超尘

【原文】

芦花被下，卧雪眠云，保全得一窝夜气；竹叶杯中，吟风弄月，躲离了万丈红尘。

【译文】

芦花为被，雪地为床，浮云为帐，睡起觉来却能保全宁静的气息；竹叶为杯，作诗填词，尽情高歌，自能远离尘世的喧嚣。

【赏析】

这种情景正是陶渊明这种田园诗人追求的境界。其实陶渊明隐居的真正原因是仕途的失意和理想的破灭。在如今竞争激烈的社会中，要想向陶令翁学习已经不可能了。如果能够放下得失，好坏成败都将过去，以平淡之心来生活，也就能“卧雪眠云，吟风弄月”了。

身放闲处　心在静中

【原文】

此身常放在闲处，荣辱得失谁能差遣我？此心常安在静中，是非利害谁能瞒昧我？

【译文】

只要常把身心置于闲适之中，世间的荣华富贵与成败得失就无法左右我；只要常把身心放在安宁之中，世间的功名利禄与是是非非就不能欺蒙我。

【赏析】

宠辱不惊，利害不较，便算是六根清静了。因此慧律法师劝诫世人说：“荣辱纷纷在眼前，不如安分且随缘，身贫少虑为清福，名重山丘长业冤，淡饭犹堪充一饱，锦衣哪得几千年，世间最大惟生死，白玉黄金尽枉然。”贪图功名富贵的人，置身于荣辱得失、是非利害之中，怎能自拔呢？

云中世界　静里乾坤

【原文】

竹篱下，忽闻犬吠鸡鸣，恍似云中世界；芸窗中，谛听蝉吟鸦噪，方知静里乾坤。

【译文】

站在竹篱之外，忽然听到一声鸡鸣狗叫，就宛如置身于一个虚无缥缈的神仙世界；静坐书房之中，忽然听到一声蝉鸣鸦啼，就体会到宁静中的天地别有一番超凡脱俗的雅趣。

【赏析】

文人雅士喜欢这种恬淡舒雅的自然景观。只有了悟人生的人，才能如此逍遥自在、返璞归真，从蝉鸣鸦噪声中领悟到宁静的玄机，从鸡鸣狗叫中享受到快乐的仙境。

圣境之下　调心养神

【原文】

徜徉于山林泉石之间，而尘心渐息；夷犹于诗书图画之内，而俗气潜消。故君子虽不玩物丧志，亦常借境调心。

【译文】

如果经常漫步于山川岩石林泉之间，由于受景物的影响就能使尘世的俗念消失；如果经常留恋在诗词书画的雅境之内，由于气氛的影响就会使庸俗的气质消失。所以一个有才德的人，虽不沉迷声色犬马而丧失本来之志，但也要经常找个机会接近自然以调剂身心。

【赏析】

山林泉石、琴棋书画可以陶冶人的情操，减少俗尘之气。所以平凡之人也要多多修养性情，培养自己的气质和风度，陶冶情操，切不可因此而玩物丧志，要时时提防小心。

相由心生　相随心灭

【原文】

机动的，弓影疑为蛇蝎，寝石视为伏虎，此中浑是杀机；念息的，石虎可作海鸥，蛙声可当鼓吹，触处俱见真机。

【译文】

一个好用心机的人，能把杯中的弓影误会成蛇蝎，能把草中石头误会成卧虎，内心充满一片杀机；一个心平气和的人，即使遇见凶虎也能把它感化得像海鸥一般温顺，能把聒噪的蛙声当作悦耳的音乐来听，到处是一片祥和之气。

【赏析】

“杯弓蛇影”的故事，比喻的是那些因疑虑不解而自相惊扰的人。所谓“小人常戚戚，君子坦荡荡”。动用心机的人疑神疑鬼，到头来只会是庸人自扰，相反胸怀坦荡的人，眼中的一切都是美好的。

欲心生邪念　虚心生正念

【原文】

欲其中者，波沸寒潭，山林不见其寂；虚其中者，凉生酷暑，朝市不知其喧。

【译文】

一个内心充满欲望的人，能使平静的心湖掀起汹涌波涛，即使住进深山老林也无法平息；一个内心毫无欲望的人，即使在盛夏酷暑也会感到凉爽，甚至住在闹市也不会觉得喧嚣。

【赏析】

一个人活在世上，精神力量的作用是不可估量的。精神充实的人视万重困难为平常事，近现代史上许多仁人志士为了追求救国救民的真理，抛头颅，洒热血，不屈不挠，靠的就是坚定的革命信念。不仅伟人是这样，普通人也是如此，据有些报道说，有的人因事故被埋在废墟里几十天却顽强地活了下来，创造这种奇迹靠的就是求生的欲望，凭着这一点才忍受了常人不可想象的恐惧、饥饿、疾病等困难。如果人能守住自己的神明，刻苦修炼，那么就会处闹市不觉其喧，处酷暑不觉其热。

富者多忧　贵者多险

【原文】

多藏者厚亡，故知富不如贫之无虑；高步者疾颠，故知贵不如贱之常安。

【译文】

一个聚财太多的人，整天忧虑自己的财产被人夺去，可见富有不如贫穷那样无忧无虑；一个地位很高的人，整天患得患失担心丢官，可见为官不如平民那样逍遥自在。

【赏析】

俗话说："贵人处富如贫，穷人处贫如富。"何以造成贫富、贵贱之间的强烈反差呢？有钱的人既想投资，又担心自己的财产安全。有势的人又要保护财产，又要维护官位，他们每日提心吊胆，如履薄冰地生活。平民百姓虽然贫穷但量入为出，反能贫中有余，知足常乐，过着无官一身轻的生活。

读易松间　谈经竹下

【原文】

读《易》晓窗，丹砂研松间之露；谈经午案，宝磬宣竹下之风。

【译文】

清晨静坐窗前细读《易经》，用松间滴下的露水研朱砂圈点书中精义；午时在书案上诵读"佛经"，让清脆的木鱼之声随风飘到竹林之间。

【赏析】

天刚拂晓，窗前读《易》，松露研墨。中午时，轻风拂动，竹下谈经。多么惬意的画面呀！这与世人熙熙攘攘追求名利、时时刻刻忙于算计，最终使自己身疲力竭、百忧烦心的境况相比，难道不是地狱、天堂之别么？

烦恼由我起　嗜好自心生

【原文】

世人只缘认得我字太真，故多种种嗜好、种种烦恼。前人云："不复知有我，安知物为贵？"又云："知身不是我，烦恼更何侵？"真破的之言也。

【译文】

只因世俗之人把“我”字看得太重，所以才产生种种嗜好、种种烦恼。古人说：“假如已不知有我的存在，又如何能知物的可贵呢？”又说：“如能明白连身体也在幻化中，一切都不是我所能掌握所能拥有，那世间还有什么烦恼能侵害我呢？”这是一句至理名言。

【赏析】

佛教有一句偈语说：“未曾生我谁是我，生我之时我是谁？长大成人方是我，合眼朦胧又是谁？”又有佛语说：“‘身’是苦本，‘我’为罪孽。”由于色身虚幻，所以“我”是不实的，肉体之我不断迁灭固不待言，而心理之我也是刹那不住。佛家认为一切皆为空，世间本无物，过去心已过，未来心未到，不但无过去之我，也无明日之我。所以一切随缘，不要过分看重自我。

以失意之思　制得意之念

【原文】

自老视少，可以消奔驰角逐之心；自瘁视荣，可以绝纷华靡丽之念。

【译文】

一个人如能从老年回头看少年时代，就可以消除很多争强斗胜的心理；一个人如能从没落世家回头看荣华富贵，就可以消除不少奢侈豪华的念头。

【赏析】

事情经历的越多，就越感慨世事无常，沧桑易度。老年人与年轻人对待同样事物的态度就大有不同。有人曾经对年轻人和老年人对于时间的感受做了总结：“年轻人的一天好短，一年好长；老年人的一天好长，一年好短。”其实老年人也曾经年轻过，可以说他是用一生的时间得到生活的真谛，自己却不能重新开始，因为他来日不多，但拥有时间的年轻人又不会相信老年人的生活经验，又重蹈覆辙。若我们能改变心态，以老观少，以衰观荣，则知世间名利不过虚幻泡影罢了。

闹日取静　冷处热心

【原文】

热闹中着一冷眼，便省许多苦心思；冷落处存一热心，便得许多真趣味。

【译文】

在熙熙攘攘的烦嚣中，如能冷静观察事物的变化，就可减少很多不必要的忧虑；当一个人穷困潦倒不得志时，如能保持奋斗精神，就可获得很多真正的乐趣。

【赏析】

作者曾立言："冷眼观人，冷耳听语，冷情当感，冷心思理。"着重在一个"冷"字，在这里作者突出了一个"热"字。这两者并不矛盾。春风得意要保持冷静的心态，灰心丧气要坚持进取的心情。作者在这里是鼓励人们要采取积极的态度来迎接生活。

世间无绝对　安乐是寻常

【原文】

有一乐境界，就有一不乐的相对待；有一好光景，就有一不好的相乘除。只是寻常家饭素位风光，才是个安乐的窝巢。

【译文】

只要有一个快乐的境界，就会有一个不快乐的事物来抵消；只要有一个美好的光景，就会有一个不美好的光景来抵消。可见有乐必有苦、有好必有坏，只有平平凡凡、安分守己才是快乐境界。

【赏析】

"有所得就必有所失"，看事情如果用辩证的方法，就不容易走极端。世上之事皆相对而存在，祸福、荣辱、善恶皆如此，处处都是对立统一的。假如说你想多赚钱，你就得放弃自己休息的时间，才能捞到更多的外快，你得到了钱，失去了休息的时间。只有一种办法可以从这些矛盾中解脱出来，那就是安分守己，对生活不做太多幻想。

接近自然　物我归一

【原文】

帘栊高敞，看青山绿水吞吐云烟，识乾坤自在；竹树扶疏，任乳燕鸣鸠送迎时序，知物我之两忘。

【译文】

卷起窗帘，远远眺望，白云缭绕，烟雾迷蒙，青山绿水，才明白大自然该有多么逍遥自在；窗前花木茂盛，翠竹摇曳，燕雀斑鸠冬去春来，凌空飞过，使我恍然理解到万物一体、物我两忘。

【赏析】

大自然是一个和谐的世界，只要你认真去领悟，就会发现许多人生所向往的境界：那里的宁静和安详，那里的悠闲和自在，那里的生机与和平，等等。生活在现代都市中的人，已经远离大自然，看到的不是青山绿水而是高楼大厦，听到的不是鸟语啾啁而是车船轰鸣了，即使偶尔出游，也是人工的自然，没有返璞归真的境界。因此在工作之余，应常到自然中走走，听一下自然的声音，吸收一些自然的精华，能使人心灵纯净、思想升华。

生死成败　一任自然

【原文】

知成之必败，则求成之心不必太坚；知生之必死，则保生之道不必过劳。

【译文】

万事万物有成功就有失败，如能洞悉这种道理，凡事就不必急于成功；天地之间有生就有死，如能明白这种道理，对于养生就不必过于费心。

【赏析】

成败乃兵家常事，也是生活中的常事，智者千虑也必有一失，何况是庸庸大众。人生短暂何必计较太多，成败得失不必放在心头，不如平平安安地过一生。“人生自古谁无死”，多少风流人物今又安在？长生不老是不现实的，还不如及时行乐，享受现在。

处世流水落花　身心皆得自在

【原文】

古德云：“竹影扫阶尘不动，月轮穿沼水无痕。”吾儒云：“水流任急境常静，花落虽频意自闲。”人常持此意，以应事接物，身心何等自在！

【译文】

古代有一位高僧说：“竹影在台阶上掠过，可地上的尘土并没有飞动；月亮越过池水，可水面上却没留下痕迹。”儒家一位学者说：“不论水流如何急湍，只要心情宁静，就听不到水声；花瓣虽然纷纷谢落，只要心情悠闲就不会受到干扰。”如能抱这种态度待人接物，那么身心该有多么自由自在。

【赏析】

佛教所说的六根清净，说的是耳不听恶，心不想恶，眼不观恶，鼻不闻恶，舌不尝恶，意不念恶，在五官意念内不要留任何的印象才行。做到这一点就要祛除感官的诱惑，使六根清净，四大皆空。对现代人来说，社会进步带来的诱惑越来越多，人的欲望也是越来越大。在这种处处是陷阱的时代，加强意志的锻炼成为建立高尚精神境界的必要前提。

勘破乾坤　识见天地

【原文】

林间松韵，石上泉声，静里听来识天地自然鸣佩；草际烟光，水心无影，闲中观去见乾坤最上文章。

【译文】

轻风掠过树林，使苍松发出海涛般的乐音，飞瀑溅落，使岩石发出阵阵轰鸣，用安宁的心情静听，就能知道大自然所奏美妙的乐章；江边芦苇，带来一种迷蒙的美感，水中云影，看起来特别悠然，用清闲的心情欣赏，就能发现造物者所创造的伟大文章。

【赏析】

大自然所蕴含的意义并不是每一个人都能读懂的，水光山色，鸟语花香，溪水淙淙，都是大自然中最普通又最富有神韵的美景。面对这些，不同的人有不同的理解。修养高的人，面对奇山怪石，松林云雾，处处能领悟到大自然的美妙绝伦。而粗俗无知的人，面对自然的美景，他听到的只是声音，看到的只是颜色，怎么能领略大自然的情趣呢？

猛兽易服　人心难制

【原文】

眼看西晋之荆榛，犹矜白刃；身属北邙之狐兔，尚惜黄金。语云："猛兽易伏，人心难降；溪壑易填，人心难满。"信哉！

【译文】

西晋时期，眼看就要发生亡国之祸，可是一些高官显贵还在那里炫耀武力；汉代皇族，死后多半葬在北邙，尸体多半成为狐鼠之食，而在世时却是那样贪恋财富。俗谚说："野兽容易制伏，人心却难降服；沟壑容易填平，人欲却难满足"。这真是一句经验之谈啊！

【赏析】

"人心不足蛇吞象"形容的就是那些贪婪到极点的人，将人的贪欲比作蛇吞象，简直是太形象，太有说服力了。但是，从古到今，又有几人从中吸取过教训呢？贪婪者往往为欲望驱使，不顾性命之忧，到头来终是竹篮打水一场空，什么也得不到。

心地能平稳　触处皆青山

【原文】

心地上无风涛，随在皆青山绿水；性天中有化育，触处见鱼跃鸢飞。

【译文】

只要心湖中没有风波浪涛，到处所见都是一片青山绿水的美景；只要本性葆有一颗善良的爱心，随时都像鱼游水里、鸟飞空中那样自在。

【赏析】

心已死，虽美景流连之际，亦了无趣味；心未死，即使枯枝败叶，亦有秋后生机。当自己情绪好时，觉得别人也很快乐，到处都是喜气洋洋；当心情不佳时，觉得什么都不好，看什么都很讨厌。之所以这样，就是因为心中的杂念太多，心中常常失去平衡。要想让自己总能心平气和，就要控制欲望，开阔心胸，知足常乐，这样处处都是蓝天白云，青山绿水了。

生活自适其性　贵人不若平民

【原文】

峨冠大带之士，一旦睹轻蓑小笠飘飘然逸也，未必

不动其咨嗟，长筵广席之豪，一旦遇疏帘净几悠悠焉静也，未必不增其绻恋。人奈何驱以火牛、诱以风马，而不思自适其性哉？

【译文】

一个身穿蟒袍玉带的达官贵人，偶尔看到身穿蓑衣、头戴斗笠的平民百姓，心中不由会产生一种轻快之感，这时他也难免不有无官一身轻的感叹；一个终日周旋于交际应酬、奢侈饮宴的富豪，一旦碰到逍遥自在、过着朴实生活的常人，心中不由会产生一种恬淡之感，这时他也难免要有一种留恋不舍的情怀。高官厚禄与富贵荣华既然并不足贵，世人为什么还要枉费心机、放纵追逐呢？为什么不设法过那种悠然自适而恢复本性的生活呢？

【赏析】

凡是形成反差和对比的东西最容易刺激人们追求的欲望，却不知道形成反差和对比的双方其实各有利弊。人们只知道追求名利，却不知恬淡自然的人生乐趣才是更实在。达官显贵的快乐来自名利，但名利所得到的快乐求之甚苦，又短暂易失，所以他们才会羡慕平民百姓悠闲自得、平安宁静的生活。明白人看透了这一点，宁愿求取自由祥和，也不去做名利的奴隶。

处世忘世　超物乐天

【原文】

鱼得水游而相忘乎水，鸟乘风飞而不知有风，识此可以超物景，可以乐天机。

【译文】

鱼有水才能优哉游哉，但是它们何尝明白自己置身于水中呢？鸟借风力才能自由翱翔，但是它们却不知道自己置身风中。看清这种道理，就能超然物外，获得真正的人生乐趣。

【赏析】

心才是人的主宰，外物只能为我所用，而不能拘役我，这就是作者想要告诉我们的道理。名利是外物，钱财也是外物，如果为它们所拖累，就等于做了它们的奴隶。如果以心为主宰，万物为我所用，就可以海阔天空无忧无虑了。水中的鱼儿为什么优哉游哉，空中的鸟儿为什么自由翱翔，明白了自然界的道理，也就明白了人间的道理。

人生本无常　盛衰何可恃

【原文】

狐眠败砌，兔走荒台，尽是当年歌舞之地；露冷黄花，烟迷衰草，悉属旧时争战之场。盛衰何常？强弱安在？念此令人心灰！

【译文】

狐狸作窝的残壁断垣，野兔奔跑的废亭荒台，都是当年美人歌舞的胜地；遍地菊黄在寒风中抖擞，一片枯草在烟雾中摇曳，都是从前英雄争霸的战场。兴衰成败如此无常？而富贵强弱又在何方？每当想到这些就会使人无限伤感而心灰意懒。

【赏析】

沧海亦成桑田，更何况人间换了天地。万事皆空，古来将相皆青冢。大江东去，淘尽多少风流人物。何苦在意权力和成败呢？

宠辱不惊　去留无意

【原文】

宠辱不惊，闲看庭前花开花落，去留无意，漫随天外云卷云舒。

【译文】

对于一切荣光和屈辱都无动于衷，永远用安静的心情欣赏庭院中花开花落；对于所有升沉和得失都漠不关心，冷眼观看天上浮云随风聚散。

【赏析】

此句称得上是人生经验的精华。得宠不惊喜，因为得宠也会失宠，得辱不在意，因为自身清白。上则尽力而为，下则逍遥自在，能进能退，能屈能伸，这才算是真正的智者。

苦海茫茫　回头是岸

【原文】

晴空朗月，何处不可翱翔？而飞蛾独投夜烛；清泉绿果，何物不可饮啄？而鸱鸮偏嗜腐鼠。噫！世之不为飞蛾鸱鸮者，几何人哉？

【译文】

晴空万里，皓月当空，哪里不可以自由自在地飞翔？可是飞蛾偏偏要扑向灯火而自取灭亡；清澈泉水，翠绿瓜果，什么东西不可以饮食果腹？可是鸱鸮却偏偏喜欢吃腐烂不堪的死鼠。唉，世间不作飞蛾鸱鸮的人，究竟能有几个呢？

【赏析】

飞蛾扑火是自取灭亡，鸱鸮食鼠是自食其臭，人也常常是自讨苦吃、自讨无趣。在生活中就有这样的人，“明知山有虎，偏向虎山行”。有些事情明知做不得，却偏偏去试一试，利用权力贪污腐化，利用暴力抢劫行凶，结果落得个身陷囹圄的下场，这岂不是自投罗网？还有人一意孤行，偏听则暗，结果盛极而衰，自取灭亡之道。飞蛾和鸱鸮的故事流传了多少年，可从中吸取教训的又有几人？

求心内之佛　却心外之法

【原文】

才就筏便思舍筏，方是无事道人；若骑驴又复觅驴，终为不了禅师。

【译文】

刚一踏上竹筏，就能想到过河竹筏就没用了，这才是不为外物所累的道人；假如骑着驴还在找驴，那就成为既不能悟道，又难以解脱的和尚了。

【赏析】

《传灯录》说："如不了解心即是佛，那真是骑驴又寻驴。"什么是心？达摩祖师说："心心难可寻，宽时遍法界，窄也不容针，我本求心不求佛，了知三界空无物。若欲求佛但求心，只这心不是佛，我本求心心自待，求心不得待心知，佛性不从心外得，心生便是罪生时。"所以要求心内佛，了却心外法。世人亦当这样，目的是根本，形式都是次要的。

以冷情当事　如汤之消雪

【原文】

权贵龙骧，英雄虎战，以冷眼观之，如蚁聚膻，如蝇竞血；是非蜂起，得失猬兴，以冷情当之，如冶化金，如汤消雪。

【译文】

达官贵人龙争一般表现威武，英雄好汉虎斗一般决以胜负，这种种情形如果冷眼旁观，就如同蚂蚁被膻腥味道引诱在一起，也如同苍蝇为争食血腥聚集在一起，都是令人感到恶心的局面；是非成败宛如群蜂飞舞一般纷乱，利害得失宛如刺猬针毛一样密集，这种种情景如果冷静思考，就如同金属熔液注入模型，自然冷却，又如同雪花落进热汤，自然融化。

【赏析】

庄周梦见自己变成了蝴蝶，人的一生又何尝不是梦中之梦呢？历史上的金戈铁马造就了多少的英雄豪杰，看如今也只是白骨累累、荒冢堆堆。如今的你争我夺、趋炎附势，给后人留下的只不过是"都付谈笑中"的笑料而已。是非功过转头空，不要太在意。

彻见真性　自达圣境

【原文】

羁锁于物欲，觉吾生之可哀；夷犹于性真，觉吾生之可乐。知其可哀，则尘情立破；知其可乐，则圣境自臻。

【译文】

一个终日被物欲所困扰的人，总觉得生命很悲哀；只有留恋于纯真本性的人，才会发觉生命之可爱。明白物欲困扰的悲哀，世俗的情怀立刻消除；明白留恋本性的欢乐，圣洁的境界自然到来。

【赏析】

人与动物的最大区别是人有思想，而动物没有思想。就说牛马吧，它们奔波劳碌，是为了换得一把草吃，它为有草吃而活着。而人如果只是为了衣食而奔波，难道不是和牛马一样了吗？多数人终日为生计奔波，甘做牛马，没有真正的快乐，欲求真快乐，必须在彻悟真性上下功夫，才能进超凡脱俗之界。

心月开朗　水月无碍

【原文】

胸中既无半点物欲，已如雪消炉焰冰消日；眼前自有一段空明，时见月在青天影在波。

【译文】

一个人如果没有丝毫物欲，那心中壁垒就像炉火熔雪、阳光化冰一般快速；一个人如能把眼光看得远些，那清朗景象宛如皓月当空、倒影在水一般宁静。

【赏析】

佛有五眼，即肉眼、天眼、法眼、佛眼、慧眼，而人只有一双肉眼，看到的全是物质利益，所以心中的烦恼也很多。若能清心寡欲，于喧闹中撷取清静，在横流的物欲中洁身自好，抛却诸般纷扰，胸中便欲火自灭，坚冰自溶，便能活得安然自在。明月清风处处有，但要心灵圣洁方可见到。

野趣丰处　诗兴自涌

【原文】

诗思在灞陵桥上，微吟就，林岫便已浩然；野兴在镜湖曲边，独往时，山川自相映发。

【译文】

诗的灵感应在寂寞的原野上出现，当文思奔放、诗兴大发时，连山林也感染上了诗意；自然情趣充塞山水之间，当独自漫步在湖边时，清澈的水面映着山峦，景色令人陶醉。

【赏析】

人生有三乐：“闭门阅佛书，开门接佳客，出门寻山水。”这里说的是其中的一乐即出门寻山水。有生活情趣的人能在大自然中享受到无限的乐趣。在欣赏大自然时，就仿佛回到生命的最初本源，这种天人合一的快乐，哪里是语言能够表达的？

见微知著　守正待时

【原文】

伏久者飞必高，开先者谢独早；知此，可以免蹭蹬之忧，可以消躁急之念。

【译文】

隐伏很久的鸟，一旦飞起必能飞得很高，一棵早开的花木，败落时凋谢得很快；只要明白这种道理，既可以免除怀才不遇的忧虑，也可以消解急于事功的念头。

【赏析】

传说古时候有一种鸟，三年不鸣，一鸣惊人，三年不飞，一飞冲天。因为这种鸟潜伏的时间长，已经养精蓄锐，只要一有机会，它就出手不凡。这就是教育人们潜心修炼、等待机会，一旦时机来临，就能做到“不鸣则已，一鸣惊人”，“不飞则已，一飞冲天”。同时，对自己还要有充分的信心，切不可灰心丧志，俗话说：“小时了了，大未必佳。”意即过早的锋芒，不一定会有持久的锐利，只有不断地磨炼，即使钝器也会成为利刃。

森罗万象　梦幻泡影

【原文】

树木至归根，而后知花萼枝叶之徒荣；人事至盖棺，而后知子女玉帛之无益。

【译文】

树木当落叶归根，才明白茂盛的枝叶、鲜艳的花朵不过是一时荣华；人到死后进入棺材，才知道子女钱财的毫无用处。

【赏析】

佛陀在小时候，去野外游玩，看到弱肉强食的动物，看到受苦受难的人，便觉生命无常，因此立志出家求道，以解决生命的痛苦。人若对生命不能大彻大悟，生、老、病、死这四个生命关卡，又怎能看得透？有生必有死，这是自然规律，人一旦死亡，生前的一切对他而言没有任何意义。

在世出世　真空不空

【原文】

真空不空，执相非真，破相亦非真，问世尊如何发付？在世出世，徇欲是苦，绝欲亦是苦，听吾侪善自修持！

【译文】

不受物相迷惑又无法排除，执于物相不能得到真理，破除物相仍然不能得到真理，请问释迦牟尼如何解释？置身于世欲又想超脱世欲，寻求物欲是痛苦，断绝物欲也是痛苦，如何应付就只凭自己的修行了。

【赏析】

佛法是十分活跃的，说万法本空，是要我们了解万事本无永恒的特性，一切都将涣散，要我们不要对事物起执着之心，从而达到身心自在。有些人谈空却又恋空，弃绝一切以求一个空字，最后还有一个“空”的意念无法排除。“色即是空，空即是色。”就是说明色和空不是相碍而是相同的，执着于色的人不明白“色即是空”，执着于空的人也不明白“空即是色”。不能了悟“色即是空，空即是色”之理的人，就不能把空和色正确地加以应用，而容易偏于一端。就像放纵欲望是一种苦恼，放弃欲望也是一种苦恼，而最好的办法就是对欲望不隐不弃，通过自己的修持来达到这一境界。

欲望有尊卑　贪争无二致

【原文】

烈士让千乘，贪夫争一文，人品星渊也，而好名不殊好利；天子营国家，乞人号饔飧，分位霄壤也，而焦思何异焦声？

【译文】

一个重道义的人，能把千乘之国拱手让人，一个贪财利的人，一分钱也要争个你死我活，就其品德来说，真有天渊之别，但重道义的人喜欢沽名钓誉，贪财利的人喜爱金钱玉帛，两者在本质上并没有什么不同；当皇帝统治的是国家，当乞丐叫喊的是讨饭，就其地位而言确有天渊之别。但当皇帝的苦心焦思，当乞丐的嘶声乞讨，其痛苦情形又有什么不同呢？

【赏析】

“富人有富人的苦恼，穷人有穷人的悲哀。”每个人所处的地位不一样，面临的矛盾也不一样，富人苦恼的是如何更有钱，穷人苦恼的是如何吃上饭。虽然他们愁苦的内容不同，但愁苦的性质和程度是完全一样的。所以，人与人之间是绝对平等的，富贵贫贱都是指外物而言的。

毁誉褒贬　一任世情

【原文】

饱谙世味，一任覆雨翻云，总慵开眼；会尽人情，随教呼牛唤马，只是点头。

【译文】

一个尝尽世间酸甜苦辣的人，不管人情冷暖、世态炎凉如何变化，都懒得睁眼过问其中是非；一个看透了人情世故的人，对于世间毁誉无动于衷，不论呼牛唤马，只是若无其事地点头。

【赏析】

世态炎凉、人情冷暖、嫌贫爱富、趋炎附势是人之常情。战国时著名游说家苏秦在未发迹之时，也是受到了兄弟、嫂子、弟妹、妻子、父母的冷嘲热讽，等他通过发奋读书取得功名被封为武安君时，父母特意派人清扫道路郊迎三十里，妻子对他侧目而视、侧耳而听，哥嫂俯伏在地侍候他用饭，面对这前后反差太大的场面，苏秦深有感慨地叹息说："同样是一个人，富贵了亲戚就敬畏我，贫贱时亲戚却怠慢我，更何况是其他一般的人呢！"一个人享受过别人的爱，经历过别人的恨，做过显达的事情，也做过失意的事情，人情练达了，对任何炎凉世故也就无动于衷了。

不为念想囚系　凡事皆要随缘

【原文】

今人专求无念而终不可无，只是前念不滞，后念不迎，但将现在的随缘打发出去，自然渐渐入无。

【译文】

如今的人一心想做到心中没有杂念，可是始终做不到，其实只要使以前的念头不存心中，未来的事情不去忧虑，把握现实将目前的事情做好，自然使杂念慢慢消除。

【赏析】

一个人看到麻雀天真无邪的姿态，不觉为自己心中充满杂念而感到羞愧。麻雀就是今天早晨的佛声，所以每个人都应保持良好的心态，以开朗的心情迎接每一天。完全消除心中的杂念难，但转换自己的内心并不难。

自然得真机　造作减趣味

【原文】

意所偶会便成佳境，物出天然才见真机，若加一分调停布置，趣味便减点。白氏云："意随无事适，风逐自然清。"有味哉！其言之也。

【译文】

事情偶合己意就是最佳境界，事物出于天然便为巧夺天工，假如加上一分人工的修饰，就大大减低了天然趣味。所以白居易说："意念听任无为，才能使身心舒畅，风要起于自然，才能感到清爽。"这两句诗，真是值得玩味的至理名言。

【赏析】

一个天真无邪的孩子一举一动都惹人高兴惹人爱，一个"老天真""老顽童"却让人觉得可笑。微缩景观中的山水做得再逼真，但它已失去了自然的生命，山只是一堆石头，水只是一汪死潭。只有自然天成的东西，才最有韵味。

彻见自性　不必谈禅

【原文】

性天澄澈，即饥食渴饮，无非康济身心；心地沉迷，纵谈禅演偈，总是播弄精魂。

【译文】

一个本性纯真的人，饿了就吃，渴了就喝，全都为增进身心健康；一个心迷物欲的人，即使整天讨论佛理，研究禅学，也不过是卖弄才学而毫无益处。

【赏析】

一个人只讲表面文章就会华而不实。一个人夸夸其谈并不能表示他有学问，所以俗话说："有学问的不说，说的人没有学问。"懂禅之人从不说禅，因为他明白禅在悟、不在说。在生活中有很多事情，表面和事实往往相差甚远，就如谈山林之乐的人，总以久处尘嚣的人居多，而真正了解山林之趣的人，早已身处其境而不返了。世人常常挂在嘴边的东西，只不过是一些一知半解的东西或者是故弄风雅而已。

心境恬淡　绝虑忘忧

【原文】

人心有个真境，非丝非竹而自恬愉，不烟不茗而自清芬，须念净境空，虑忘形释，才得以游衍其中。

【译文】

只要内心维持一种真实的境界，不需要美妙音乐，就会自然感到舒适愉快，不需要烹茶煮茗，就能使满室飘香。只要心中纯洁、意境空灵，就会忘却一切烦恼、超脱形骸，从而悠哉悠哉地生活在乐趣中。

【赏析】

用丝竹之类的乐器能够奏出美妙的音乐，但听过以后就忘了，檀香、茗茶都可以散发出清香之气，但闻过之后就没有了。外在声色的刺激，短暂而且容易消逝，只有心中的音乐、心中的清香才可以长驻，要想拥有这样的妙境，必须清静内心，断绝欲念。

真不离幻　雅不离俗

【原文】

金自矿出，玉从石出，非幻无以求真；道得酒中，仙遇花里，虽雅不能离俗。

【译文】

黄金是从矿山里挖出的，美玉是从石头中雕成的，可见不经过变幻就不能得到真悟；道理是从杯酒中悟出的，神仙也许能在烟花场中邂逅，可见即使是高雅之士也摆脱不了世俗之情。

【赏析】

一个人能成什么器，最终是由他的本质决定的。矿石本来就含有黄金的物质成分，所以经过一定的加工，就变成了很纯正的黄金；美玉也是在玉石的基础上加工而成的，没有玉石就不可能有漂亮的玉器。人同此理，有的人天生气质高雅，有的人天生粗俗低劣。气质高雅的人出淤泥而不染，气质粗俗的人，阳春白雪也遮不住他的俗气。所以，对一个人来说，第一是本质要好，第二要经历磨炼。

凡俗差别观　道心一体观

【原文】

天地中万物，人伦中万情，世界中万事，以俗眼观纷纷各异，以道眼观种种是常，何须分别？何须取舍？

【译文】

天地间的万物，人伦中的万事，世界上的万象，如用世俗眼光去观察，是纷繁复杂的，如用超越世俗的眼光去观察，则本质是一样的，可见不论对人对物对事，要以平等态度看待，何必分别取舍呢？

【赏析】

禅宗二祖慧可，因为心不静，向达摩祖师请教安心之术。达摩祖师教他拿心来，才肯替他安心，慧可找不到。因为慧可用凡眼找心，祖师用道眼观心。最后慧可悟了，心都不可得，哪里还有可得的烦恼呢？有心才有烦恼，无心哪来的烦恼呢？同样，万事万物的外表各不相同，但本质是一样的，都是产生、发展、灭亡的规律起作用。

布茅蔬淡　颐养天和

【原文】

神酣布被窝中，得天地冲和之气；味足藜羹饭后，识人生淡泊之真。

【译文】

在粗布被窝中睡得香甜的人，才能得到大自然的谦和之气；粗茶淡饭吃得香甜的人，才能领悟生活中的真正乐趣。

【赏析】

俗话说："能吃能睡是福人"，"无事找事是憨人"，天下本无事，庸人自扰之，心态是快乐之源。精神上的愉快才是人生最大的快乐。孔子曰："饭蔬食饮水，曲肱而枕之，乐亦在其中矣。不义而富且贵，于我如浮云。"几千年前的圣人就体会到了人生的真正快乐，如今的人们为何不能从中获得借鉴呢？

万心悟性　俗即是僧

【原文】

缠脱只在自心，心了则屠肆糟廛，居然净土，不然纵一琴一鹤一花一卉，嗜好虽清，魔障终在。语云："能休，尘境为真境；未了，僧家是俗家。"信夫！

【译文】

一个人是否能摆脱烦恼的困扰，完全在于自己意志的掌握，只要内心清净了无杂念，即使生活在屠场或饭店，也觉是一片净土。反之，即使你手持一琴一鹤，室内摆满了奇花异卉，假如内心不能安静，苦恼仍然困扰。所以佛家说："能摆脱尘世的困扰就等于到达真实境界，否则即使身穿袈裟住在僧院，却和俗人没有区别。"这诚然是一句至理名言。

【赏析】

世间烦恼皆来源于心，而非来源于物。心圣洁，则诸物皆圣洁，心杂乱，则净土也是废都。否则，与琴鹤为伴，浇花种草，固然是清雅之趣，如果执着于此，反而是修道上的障碍。所以说，心中的真境在于自己的了悟，而不是某种形式，不然就成了一个穿着袈裟住在僧院的俗人。生活中的道理也是这样，做事不能只求形式上的完善，关键在于思想上是否达到标准，实际效果是否符合要求。遇到困难往往在一念之间决定进退，所以平时需要锻炼意志，关键时刻才不至于松劲泄气。

断绝思虑　光风霁月

【原文】

斗室中，万虑都捐，说甚画栋飞云、珠帘卷雨；三杯后，一真自得，唯知素琴横月、短笛吟风。

【译文】

虽说住在简陋的房屋之中，可世间的一切忧愁烦恼全消，还奢望什么雕梁画栋、飞檐入云的高楼大厦，贪图什么珍帘般玲珑的豪华陈设；一旦三杯老酒下肚，胸中就会出现一片真情，只知月下弹琴，临风吹笛，自有一番雅趣。

【赏析】

唐朝诗人刘禹锡《陋室铭》中说道："斯是陋室，惟吾德馨。"一个人有博大的胸怀，高尚的情操，即使身居陋室，也美名远扬。狭小的空间，简陋的居室，会因主人的德业而蓬荜生辉。心灵广阔，陋室何陋，言行污秽，金屋亦脏。

机神触事 应物而发

【原文】

万籁寂寥中，忽闻一鸟弄声，便唤起许多幽趣；万卉摧剥后，忽见一株擢秀，便触动无限生机。可见性天未常枯槁，机神最易触发。

【译文】

当大自然归于寂静之时，忽然听到一阵悦耳的鸟鸣之声，就会引起很多幽深的雅趣；当深秋季节万木凋零之后，忽然看见一株花草屹立无恙，就会引发无限生机，可见万物的本性并不会枯萎，它那生命活力随时都会乘机勃发。

【赏析】

宋朝大诗人陆游曾经作诗云："山重水复疑无路，柳暗花明又一村。"情趣来自生活的契机，比如，静夜鸟鸣，清寂的夜空，一声清脆的鸟声，让人心头一颤，这便是心灵的感应、幽趣的触发；百花凋谢、落叶残败呈现出一片肃杀的景象，忽见一花艳放，便感慨生命之旺盛，这是心得。所以在生活中碰到失意的时候，要有摆脱困境的信心，不要灰心丧气，只要你希望不灭，总会有成功的那一天。

操持身心 收放自如

【原文】

白氏云："不如放身心，冥然任天造。"晁氏云："不如收身心，凝然归寂定。"放者流为猖狂，收者入于枯寂。唯善操心者，把柄在手，收放自如。

【译文】

白居易说："凡事不如放心大胆去做，至于成功失败一切听凭天意。"晁补之说："凡事不如小心谨慎，以期达到坚定不移。"主张放任身心，容易流为狂放自大，主张约束身心，容易流于枯槁死寂，只有善于操纵自己的人，才能掌握事物的重点，达到收放自如的境界。

【赏析】

白居易主张放任人的身心，晁补之主张约束人的身心，前者使人流于狂妄自大，后者使人流于枯槁死寂。两者各从不同角度而言，但都有片面性，应当约束与放任同重，宜放宜收才好。任何事都要适可而止，走极端就会失度。

自然人心　融和一体

【原文】

当雪夜月天，心境便尔澄澈；遇春风和气，意界亦自冲融；造化人心，混合无间。

【译文】

雪夜皓月当空，一片银色世界，这时心境也会随着清朗；春风徐徐吹拂，万物呈现一片蓬勃生机，这时情绪也会得到适当的调剂；可见大自然和人心灵是浑然一体的。

【赏析】

古人认为天人合一，都是由于阴阳二气相生相克的结果，所以作者每每用大自然来比喻人的人性境界。确实人有悲欢离合，天有晴暖阴寒，心境与天道相对应，才生出无限感慨。清风朗月，让人兴致高昂；阴雨连绵，徒增无尽惆怅。

不弄技巧　以拙为进

【原文】

文以拙进，道以拙成，一“拙”字有无限意味。如“桃源犬吠，桑间鸡鸣”，何等淳庞！至于“寒潭之月，古木之鸦”，工巧中便觉有衰飒气象矣。

【译文】

文章都要用朴拙之法才能进步，修德更须依朴拙之法才能长进，可见朴拙含有无穷奥义。恰如陶渊明《桃花源记》中所说："阡陌相通，鸡犬相闻"，这是一种何等的淳朴之风。至于清潭中映出月影，枯树上垂落乌鸦，看来有些诗情画意，实则显出没落景象。

【赏析】

拙非笨愚，实为拙朴。拙朴之美与灵巧之美同样是美的境界，因为精巧别致就隐藏在拙朴之中。而与巧饰之美相比，拙朴之美则更深一层，巧饰来自人力，借助于外来东西，掩盖了真实的本性，而拙朴之美出自天然的纯真，所以原始森林总是比人工园林更胜一筹。

以我转物　逍遥自在

【原文】

以我转物者，得固不喜，失亦不忧，天地尽属逍遥；以物役我者，逆固生憎，顺亦生爱，一毛便生缠缚。

【译文】

以我操纵事物的人，成功了不觉得高兴，失败了也不会忧愁，大地广阔可以悠游自在；而受物欲奴役的人，遭遇逆境，心中产生怨恨，处于顺境，又生恋栈之心，鸡毛蒜皮的小事也会使身心受到困扰。

【赏析】

心是自我的主宰，一个人只要在精神上超越了物质的层面，他的世界便无比的开阔自由，不为尘世所牵缚，哪里还会有得失的喜忧？相反人一旦被外物役使，就会斤斤计较，目光短浅，毫发之间也会产生烦恼，即使富如国王，精神上也会贫如乞丐。

形影皆去　心境皆空

【原文】

理寂则事寂，遣事执理者，似去影留形；心空则境空，去境存心者，如聚膻却蚋。

【译文】

道理无存，事物当然无存，排除事物而执于道理的人，就像排除影子而留下形体那样不通；内心空虚，环境也跟着空虚，不顾环境的干扰而想内心宁静的人，就像聚集腥膻之物而想排除蚁蝇一样愚蠢。

【赏析】

执着于空泛的理论，就如同是无根之木，无源之水，没有论据作基础，没有事实作依据，终会流于空泛。对于人的内心世界来说，如果内心是虚空的，没有丝毫的欲望，即使身处酒肆妓院，也会视而不见，弃耳不闻。否则你就是隐居在深山幽谷，心中仍然徘徊着酒色财气的念头，形式上的摆脱并不能说明心中真正的放弃，所以环境的空虚并不是内心的空虚，相反只有内心做到了虚空，环境也就自然而然的空虚了。

任其自然　万事安乐

【原文】

幽人清事总在自适，故酒以不劝为欢，棋以不争为胜，笛以无腔为适，琴以无弦为高，会以不期约为真率，客以不迎送为坦夷，若一牵文泥迹，便落尘世苦海矣！

【译文】

一个隐居的人，内心清净而俗事又少，一切只求适应本性。因此喝酒不劝多喝，以各尽酒量为乐；下棋为了消遣，以不争胜败为好；吹笛为了怡情，以不讲旋律为节；弹琴为了休闲，以无弦之琴为雅；约会为了联谊，以不受限制为真挚；客来宾主尽欢，以不送往迎来为自然。如果受到人情世故的约束，就会落入尘世苦海而毫无乐趣。

【赏析】

做事要适于心灵本体，方能快乐，若疲于应付，虚以委蛇，下棋只为赢，弹琴只为韵，这都算违背了自己的本性。至于调适性情的方法，最重要的一个原则，就是不要逆着事物的本性行事，天地万物各自有最美好的天性，随缘适性，才能过和谐圆满的生活。

思及生死　万念灰冷

【原文】

试思未生之前有何相貌，又思既死之后作何景色，则万念灰冷，一性寂然，自可超物外，游象先。

【译文】

想想出生之前是个什么形体相貌，死了以后又是一番什么光景？既无法测知生前，又无法预卜死后，想到这些不免万念俱灭，不过只要能够保持纯真本性，自能超脱物外遨游天地之间。

【赏析】

有关生与死的问题，是许多哲学家苦苦研究却又没有结果的问题，生与死既可以是物质的也可以是精神的，作者在这里无非是说精神比肉体更为永恒，只有保持心性自然，才能超脱物外遨游于天地之间。

卓智之人　洞烛先机

【原文】

遇病而后思强之为宝，处乱而后思平之为福，非蚤智也；幸福而先知其为祸之本，贪生而先知其为死之因，其卓见乎！

【译文】

只有生病之后才能体会健康的可贵，只有遭遇变乱才会思念太平的幸福，其实这都不是什么远见卓识；预知侥幸获得的幸福是灾祸的根源，虽然爱惜生命却也明白有生必有死的道理，这才是超越凡人的真知灼见。

【赏析】

人们总是要经过种种的波折之后，才能看透生命的真相，对自己该怎么活才最好，才会有某种真切的体悟。然而仅仅有这种体悟是不够的，虽能亡羊补牢，然而羊已去矣。如果能够洞察先机，有先见之明，就能自如地驾驭生活。

雌雄妍丑　一时假相

【原文】

优人傅粉调朱，效妍丑于毫编，俄而歌残场罢，妍丑何存？弈者争先竞后，较雌雄于枰间，俄而局尽子收，雌雄安在？

【译文】

艺人在脸上擦脂涂粉，美丑都决定在画笔上，可是转眼之间歌舞完毕、曲终人散，方才的美丑已不复存在；弈者在棋盘上竞争激烈，胜负决定在棋子上，但是转眼之间棋局完了，子收人散，方才的胜败又到哪里去了？

【赏析】

人生就像一场戏，你方唱罢我登场，悲欢离合尽情演绎。每个角色都不能错过。人生如下棋，刚才还是战火硝烟，鏖战犹酣，但转眼间子收人散，成败胜负不复存在。宋儒邵雍“尧舜指让三杯酒，汤武争逐一局棋”的名言可以说是点破了人生的一切。在他看来，像唐尧、虞舜那样被人称赞的贤者只不过是三酹酒的事，商汤与周武王那样的较量只不过是一局棋的工夫而已。由此可知，人生短暂，名利是非微不足道，转眼之间烟消云散，何苦放在心上？

风月木石　闲情逸致

【原文】

风花之潇洒，雪月之空清，唯静者为之主；水木之荣枯，竹石之消长，独闲者操其权。

【译文】

花朵摇曳姿态的洒脱，雪夜月光辉映的清朗，只有内心宁静的人才能享受这种怡人的景色；山水树木的荣枯，竹子石头的消长，只有闲情逸致的人才能体会其中雅趣。

【赏析】

有闲情雅致的人才能欣赏清风吹拂下的花朵和雪夜中冰清的月光，并从中体察到世上万物的变化规律，陶冶情趣、调剂身心，忘却人世的喧嚣，抛却人际的烦恼。但不可玩物丧志，要做到既能寄情于山水，又能对社会尽自己一份职责，只有这样，才能把握好自己。

天全欲淡　虽凡亦仙

【原文】

田父野叟，语以黄鸡白酒则欣然喜，问以鼎食则不知；语以缊袍短褐则油然乐，问以衮服则不识。其天全故其欲淡，此是人生第一个境界。

【译文】

跟村夫老农谈到白鸡老酒，就会显得兴高采烈，如问山珍海味之佳肴，就茫然不知了；一提起长袍短襟，就会流露欢乐之情，如问黄袍紫蟒之官服，就一点不懂了。可见他们保全纯朴本性，欲望才会这样淡泊，这是人生第一等境界。

【赏析】

田园生活让人感到惬意舒畅，所以在都市里生活的人，千方百计把住处田园化。红砖绿瓦的平房里，常常是绿树成荫，繁花似锦，鸟叫虫鸣。田园的生活方式，能使人的心性摆脱烦恼，返璞归真。所以说乡村的生活虽然清苦，却远离喧闹，鸡犬相闻，稻花飘香，其乐融融，这难道不是人生的一大乐境吗？

本真即佛　何待观心

【原文】

心无其心，何有于观？释氏曰观心者，重增其障；物本一物，何待于齐？庄生曰齐物者，自剖其同。

【译文】

心中如果没有忧虑和杂念，何必要下内省工夫呢？佛教所说的“反内省”，实际却增加了修行的障碍；天地间万物本来都是一体的，又何必等人来划一呢？庄子所说的“消除物我界限”，等于是分割了本属一体的物性。

【赏析】

庄子提出了齐是非、齐物我、齐彼此的“齐物论”，认为一切事物都是平等无差别的，人们对事物的认识本来没有确定不移的是非标准，所以人们应该从纷繁复杂的万事万物中看到它们最本质的特征是同一的。所以，生与死原本是一回事，只是人们的心识执着于虚妄，所以才会有生和死这两个概念，如果超越了虚妄的心识，就不会斤斤计较生与死了，这样也就无须观心或齐物了。

勿待兴尽　适可而止

【原文】

笙歌正浓处，便自拂衣长往，羡达人撒手悬崖；更漏已残时，犹然夜行不休，笑俗士沉身苦海。

【译文】

当歌舞饮宴逢到高潮时，就自行整衣拂袖而去，胸怀旷达者的这种关键时刻的猛回头，真是令人羡慕；更深夜尽仍然忙着应酬，目光如豆者的这种坠入无边痛苦的不自觉，说来实在可笑。

【赏析】

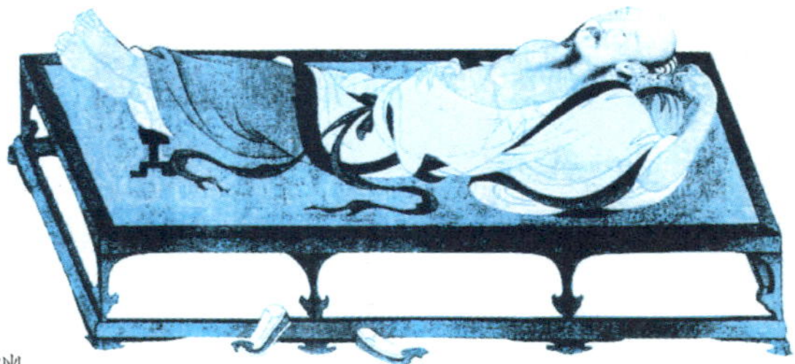

悬崖和苦海都是比喻人生中遭遇的痛苦和磨难。生命中有许多境地看起来十分危险急迫，例如，濒临破产的边缘，或者遭遇恶人的陷害和排挤等。在一般人看来，就好像一只手攀在悬崖上，一松手就会跌下万丈深渊似的。而在了解生命真谛的人看来，人生几十年如白驹过隙，把握住自己的内心才是最重要的，把握好心灵，就能安全度过生命中的每个阶段。

绝迹于尘寰　涉足于世俗

【原文】

把握未定，宜绝迹尘嚣，使此心不见可欲而不乱，以澄吾静体；操持既坚，又当混迹风尘，使此心见可欲而亦不乱，藉以养吾圆机。

【译文】

当意志还不坚定、尚无把握之时，应远离物欲环境，以不见物欲诱惑，不使人心迷乱，这样才能领悟纯洁的本色；当意志坚定、可以自我控制之时，就多跟各种环境接触，即使看到物质诱惑，也不会使心迷乱，借以培养自己圆熟质朴的灵性。

【赏析】

人世间处处都有陷阱，充满诱惑，稍不小心就会被邪恶吸引，迷失方向，不能自拔。一旦我们无法掌握自己生活方向时，那么我们活得就像傀儡一样，我们的生命便是堕落了。所谓出世便是一种看透世间种种现象的智慧，能够对外界不起贪恋爱慕之心，具有这种超越世事的心怀，便能够在世间做任何事而不至于堕落，能够掌握自己生命的方向。一旦体悟了道的玄机，即使在社会之中，也能以道心观人、观事，不管什么风吹浪打，我心自岿然不动。

人我一视　动静两忘

【原文】

喜寂厌喧者，往往避人以求静，不知意在无人便成我相，心着于静便是动根，如何到得人我一视、动静两忘的境界？

【译文】

一个喜欢清静、讨厌喧嚣的人，往往离群索居以求取安宁，岂不知远离人群是为了自我，而一心求静是烦躁的动因，人我本为一体，动静相互关联，如果不能忘怀自我，只知一味强调宁静，又如何能达到宁静境界呢？

【赏析】

寻求宁静的人，往往要避开喧闹的环境才能获得生活的安宁，这样的安宁并非真正的安宁，因为它取决于内心的状态。内心尚有杂念，静处也是喧嚣；内心若无杂念，喧嚣亦为宁静。所以真正的宁静是在喧闹的环境中也能保持平静的心情，静亦是静，闹亦是静，才算是合乎人类本然之性的真正宁静。

山居清丽　入都俗气

【原文】

山居胸次清洒，触物皆有佳思，见孤云野鹤而起超绝之想，遇石涧流泉而动澡雪之思，抚老桧寒梅而劲节挺立，侣沙鸥麋鹿而机心顿忘，若一走入尘寰，无论物不相关，即此身亦属赘旒矣。

【译文】

隐居山间胸怀开朗洒脱，所接触的事物自然都能引起高雅的思绪，看见无拘无束的孤云野鹤，就会引起超尘绝俗的观念；遇到山谷溪涧的流泉，就会引起洗濯俗世杂念的思想；抚摸挺立的老桧寒梅，心中就会涌起威武不屈的坚毅气节；常与沙鸥麋鹿为伴，使一切勾心斗角的邪念全消。如果再度回到烦嚣的尘世，即使不跟各种声色接触，也会觉得自己犹如废物而成多余。

【赏析】

近朱者赤，近墨者黑。环境对人性格影响很大，身处喧闹都市，身上便有浮躁之气。一个在社会上生活时间久的人，也会自觉不自觉地染上市侩的习气；而在山林野泉中陶冶时间长的人，也就在无形之中生成了一派仙风道骨的气质。所以，心性的培养与环境有很大的关系。

人我合一　云留鸟伴

【原文】

兴逐时来，芳草中撒履闲行，野鸟忘机时作伴；景与心会，落花下披襟兀坐，白云无语漫相留。

【译文】

心血来潮时，何妨脱鞋在草地上漫步，连山野小鸟也会忘记捕捉的危险飞来做伴；当自然景色和我的思想融为一体时，何妨披衣静坐、花下沉思，仰望白云而相对无言，但却有留恋之感。

【赏析】

物我两忘，全身心地融入大自然之中，是多么的惬意舒畅啊！以鸟为友，与花草为伴，是多么诗情画意的场景呀！如果人一生都远离大自然，落入喧闹之中不思自拔，不知世上还有“人来鸟不惊”的境界，这该是多么悲哀的事情。

祸福苦乐　一念之差

【原文】

人生福境祸区，皆念想造成，故释氏云：“利欲炽燃即是火坑，贪爱沉溺便为苦海。一念清静烈焰成池，一念警觉航登彼岸。”念头稍异，境界顿殊，可不慎哉？

【译文】

人生的幸福与苦恼全由自己的观念造成，所以释迦牟尼说：“名利的欲望强烈，就会使自己跳进火坑，贪婪之心强烈，就会使自己沉入苦海。只要有一丝纯洁观念，就会使火坑变成水池，只要有一点警觉精神，就能使苦海变成乐园。”可见观念略有不同，人生境界就会全面改观，因此，所思所想必须慎重。

【赏析】

福祸苦乐，一念之间，善恶皆由心生，拾金不昧，舍己救人，损人肥己，栽赃嫁祸也往往是一念之间，便决定了人生命运的天壤之别。贪恋之心除了让人沉入苦海，还让人吐丝自缚；纯净的心灵能浇灭心头的欲火，自我的觉悟能使人达到智者的彼岸。人生苦短，所以面临选择时，要慎之又慎，择善而从。

只要功夫深　铁杵磨成针

【原文】

绳锯木断，水滴石穿，学道者须加力索；水到渠成，瓜熟蒂落，得道者一任天机。

【译文】

绳索锯断木头，水滴可穿坚石。学道之人努力用功，才能有所成就；细水汇集自然形成河流，瓜果成熟自然脱落枝蔓，学道之人听任自然，才能获得正果。

【赏析】

《荀子·劝学篇》中说："不积跬步，无以至千里；不积小流，无以成江海。"又说："锲而舍之，朽木不折；锲而不舍，金石可镂。"荀子在此鼓励的就是一股锲而不舍的精神和百折不挠的勇气。如果做事知难而退，浅尝辄止，便一事无成。相传唐朝大诗人李白看见一老妇人在磨铁杵，好生奇怪，一问才知道是要让铁棒变成针。李白不解地问："这么粗的铁棒何时才能磨成针？"老妇人答道："只要功夫深，铁棒磨成针。"这个故事让人深思。

机息心清　月到风来

【原文】

机息时便有月到风来，不必苦海人世；心远处自无车尘马迹，何须痼疾丘山。

【译文】

心中停止阴谋诡计，就会有轻松舒畅之感，从此不再为人间的烦恼而痛苦；思想超脱俗世之后，自然听不到车马喧嚣，不必一定眷恋山野林泉的隐居生活。

【赏析】

登上高山会使人心胸开阔，面对流水会使人意念深远，充满诗情画意的高山流水的确利于修身养性，然而修养达到最高境界的人，排除了一切私心杂念，不再眷恋山林石泉，而是在尘嚣闹市中，也能拥有宁静的心境，享受到明月清风的可爱。所以，在生活中应少用心机，应任其自然发展，不然就是"枉费心机空费力，雪消春水一场空"。

落叶蕴萌芽　生机藏肃杀

【原文】

草木才零落，便露萌颖于根底；时序虽凝寒，终回阳气于飞灰。肃杀之中，生生之意常为之主，即是可以见天地之心。

【译文】

花草树木刚刚凋落，新芽已从根部长出；四季演变才入寒冬，温暖的阳春就行将到来。万物虽然飘零枯萎，却隐藏着绵延不绝的蓬勃生机。从这种生生不息的变化中，可以看出天地的好生之德。

【赏析】

“有生必有死，有死必有生。”天地万物就是如此生生不息，天无绝物之理，也无绝人之路。人在一生中往往遇到一些自己认为已经绝望的事情，可是往往又绝处逢生，使事情有了转机，可见天无绝人之路。只要对自己的前途充满必胜的信心，不自暴自弃，那么黑暗过后一定是黎明的曙光，寒冬过后必定是温暖的春天。

雨后山色鲜　静夜钟声清

【原文】

雨后观山色，景象便觉新妍；夜静听钟声，音响尤为清越。

【译文】

雨后观赏山川景色，会觉得另有一番清新气象；夜阑人静聆听钟声，会觉得特别清晰悠扬。

【赏析】

雨后的山景更加清新，夜半的钟声更加悠扬，这是大自然在视觉上和听觉上给人的感受。很多东西在视觉和听觉上给人的感觉可能相同，但由此而引发的联想却是仁者见仁、智者见智了。对于相同的事物在认识上的区别就取决于人的知识水平、性情雅俗、修养高低、心情好坏。

读书神清　眺望心旷

【原文】

登高使人心旷，临流使人意远。读书于雨之夜，使人神清；舒啸于丘阜之巅，使人兴迈。

【译文】

站在高山远望，就会感到心胸开阔，面对流水凝思，就会感到意境悠远；雨雪之夜读书，就会感到心旷神怡；爬上山陵吟啸，就会感到意气豪迈。

【赏析】

登高使人心胸开阔，目光远大，思维敏捷，所以古书曰："不歌而诵谓之赋，登高能赋，可以为大夫。"孟子也说："孔子登东山而小鲁，登泰山而小天下。"毛泽东登庐山也有："无限风光在险峰"的感慨。可见大自然对一个人情绪、性情影响的巨大，因为人心的洁净可如山峦之翠，流水之清，霜雪之白，雨水之润，谁又能否认有时人竟也会和大自然心心相印呢？

万钟一发　存乎一心

【原文】

心旷则万钟如瓦罐，心隘则一发似车轮。

【译文】

一个心胸豁达的人，即使有万钟俸禄，也可看成瓦罐一般没有价值；一个心胸狭隘的人，即使是头发丝般的小事，也会看成车轮那么大。

【赏析】

一个人心中有容人容事的雅量，兼收并蓄，任人唯贤，就可以得到大家的帮助；相反一个人小肚鸡肠，气量狭小，私心杂念太多，强求不属于自己的东西，就不可能有很多的朋友。一个人的心胸是需要后天培养的，心胸豁达往往是成就事业的基础。

要以我转物　勿以物役我

【原文】

无风月花柳不成造化，无情欲嗜好不成心体。只以我转物，不以物役我，则嗜欲莫非天机，尘情即是理境矣。

【译文】

如果没有清风明月、花草树木，永不成其为大自然，如果没有感情欲望、生活嗜好，就不成其为真正的人。所以要以人为中心来操纵万物，不可以物为中心来奴役自己，如此一切嗜好欲望都成为自然天赐，而一切世俗情欲也都变为合理的境界了。

【赏析】

自然有风月花草，人有七情六欲，这是人类发展并繁衍不息的基础，也是社会发展的原动力。但在生活中，我们要善于控制自己的欲望，不能任性放纵，对于万物也要合理使用，做事有礼节、有分寸。相反，放纵情欲的人跌入陷阱而不能自拔，到头来只能是玩火自焚。

就身了身　以物付物

【原文】

就一身了一身者，方能以万物付万物；还天下于天下者，方能出世间于世间。

【译文】

能跳出自我来了解自我的人，才可据自然法则，使万物依本性发展；能把天下还给天下万民的人，躯体虽然生存世间，思想却超越凡尘。

【赏析】

佛家认为：人世间的一切事情，皆由心生，亦由心灭。心中有烦恼，因为心里尚有贪念。贪念不在，则世事无忧。人世间许多事情容易让我们迷失自己，只有把天下从心中抹去，还给那个烦扰的世间，对外界不起贪恋爱慕的心思，做事才能不至于堕落，从而掌握自己的生命方向。

勿徒劳身心　乐风月之趣

【原文】

人生太闲则别念窃生，太忙则真性不现。故士君子不可不抱身心之虑，亦不可不耽风月之趣。

【译文】

如果整天游手好闲，一切杂念就会在暗中悄悄滋生；如果整天劳碌不堪，就会丧失纯真的本然之性。所以一个有才德的君子，既不使身心过度疲劳，也不沉迷于声色犬马之中。

【赏析】

人生苦短，只清闲享乐或只忙碌操劳都不能算是成功的人生。因为如果一味地追求闲暇安逸的生活，会消磨人的意志，使人沉沦变坏，而如果只懂得为生计而忙碌，体验不到生命的可贵和人生的乐趣，也是可悲的，这会逐渐泯灭人的纯真本性。因此，人既要奋斗，又要有适当闲暇娱乐，两者相合，人生才会完美。

何处无妙境　何处无净土

【原文】

人心多从动处失真。若一念不过，澄然静坐，云兴而悠然共逝，雨滴而冷然俱清，鸟啼而欣然有会，花落而潇然自得。何地非真境？何物无真机？

【译文】

心灵大半从浮动处失去纯真本性。如果任何杂念不生，只是自己静坐凝思，那一切念头都会随着白云消失，随着雨点洗清，听到鸟语就有一种喜悦的意念，看到花落就有一种开朗的心情。可见任何地方都有真正的妙境，任何事物都有真正的玄机。

【赏析】

心性本来是自由而不受约束的，因为人的欲望遮掩了心的真性。如果心中没有杂念，抱神守一，就可以和白云一起飘游天边，就可以就着雨滴洗净心中的尘埃，就可以体会鸟语呢喃的奥妙，就可以享受到落英缤纷般的悠然自得。总之，天上的日月星辰，地上的花鸟鱼虫，处处都是真境，关键在于我们能不能去领会和发掘。

顺逆一视　欣戚两忘

【原文】

子生而母危，镪积而盗窥，何喜非忧也；贫可以节用，病可以保身，何忧非喜也。故达人当顺逆一视，而欣戚两忘。

【译文】

母亲生子是一件危险之事，积蓄金钱又易被盗匪窥视，可见值得高兴的事都附带有忧惧；贫穷虽然可悲，但如果勤俭也能过活，疾病固然痛苦，但可学会养生的方法，可见值得顾虑的事也都伴随着欢乐。所以一个心胸开阔的人，认为顺境和逆境是相同的，因此，自然也就没有高兴和悲伤了。

【赏析】

“塞翁失马，焉知非福。”事情总是好坏参差，否极泰来。关键在于人要有长远眼光，看问题一定要全面，要从多角度来判断事物的发展方向，而不能局限于眼前利益得失。同时，只有那些把一切看淡，不计较快乐悲哀的人，才能体验到挫折中的顺利和悲哀中的欢乐。